预拌砂浆标准解读及实际应用解析

滕朝晖　赵立群　尹瑞龙　主　编
陈长喜　梁爱军　罗　彬　副主编

中国建材工业出版社

图书在版编目（CIP）数据

预拌砂浆标准解读及实际应用解析/滕朝晖，赵立群，尹瑞龙主编．--北京：中国建材工业出版社，2021.8

ISBN 978-7-5160-3256-5

Ⅰ.①预… Ⅱ.①滕… ②赵… ③尹… Ⅲ.①水泥砂浆—技术标准 Ⅳ.①TQ177.6-65

中国版本图书馆 CIP 数据核字（2021）第 131497 号

内容简介

随着《预拌砂浆》（GB/T 25181—2019）的实施宣贯，广大技术人员对于预拌砂浆应用技术导向有了新的认识。本书详细解读了《预拌砂浆》（GB/T 25181—2019）编制说明、应用指南，举出大量应用实例来引导技术工作人员更加快速掌握相关知识点，对于预拌砂浆生产线、输送、储存等辅助工序的影响因素也做了重点讨论，列出参考配方，为预拌砂浆行业的施工人员、技术人员提供工作指引，也可作为行业从业人员的培训教材。

预拌砂浆标准解读及实际应用解析

Yuban Shajiang Biaozhun Jiedu ji Shiji Yingyong Jiexi

滕朝晖 赵立群 尹瑞龙 主 编

陈长喜 梁爱军 罗 彬 副主编

出版发行：中国建材工业出版社

地 址：北京市海淀区三里河路 1 号

邮 编：100044

经 销：全国各地新华书店

印 刷：北京鑫正大印刷有限公司

开 本：787mm×1092mm 1/16

印 张：7.25

字 数：130 千字

版 次：2021 年 8 月第 1 版

印 次：2021 年 8 月第 1 次

定 价：**68.00 元**

编写人员

1　《预拌砂浆》编制说明

山西省建筑材料工业设计研究院有限公司石膏工程研究中心：滕朝晖

上海市建筑科学研究院有限公司：赵立群

陕西中路西建机械设备有限公司：尹瑞龙

山西华建建筑工程检测有限公司：李晓峰

山西华建建筑工程检测有限公司：郑慧娟

山西农业大学资源环境学院：滕宇

建筑材料工业技术情报研究所：袁鹏

建筑材料工业技术情报研究所：吴小缓

麻城能投建筑有限公司：周改红

山西省建筑材料工业设计研究院有限公司：刘建缤

2　预拌砂浆应用常见问题解析

山西省建筑材料工业设计研究院有限公司石膏工程研究中心：滕朝晖

上海市建筑科学研究院有限公司：赵立群

柏诺新材（北京）科技有限公司：董慧艳

九江文阳科技有限公司：方乐

天津市建筑材料科学研究院有限公司：李赵相

3　预拌砂浆生产线介绍

3.1　干混砂浆生产线设备

陕西中路西建机械设备有限公司：屈文林

陕西中路西建机械设备有限公司：秦宝荣

无锡江加建设机械有限公司：薛国龙

山西农业大学资源与环境学院：滕宇

无锡江加建设机械有限公司：薛智涌

3.2　储料罐发展及应用

天津筑润科技发展有限公司：乔红涛

3.3　湿拌砂浆滞留罐的应用

洛阳中集凌宇汽车有限公司：崔根业

3.4 砂浆物流过程的离析研究

太原理工大学：尤泽坤

北京工业大学：刘晓

山西四建集团有限公司：刘雅晋

山西大地华基建材科技有限公司：张彦鹏

4 预拌砂浆应用问题处理方案

山西省建筑材料工业设计研究院有限公司石膏工程研究中心：滕朝晖

山东龙润建材有限公司：贾学飞

山东龙润建材有限公司：赵玲卫

山东朗格润新材料有限公司：韩冰

柏诺新材（北京）科技有限公司：谢玲丽

山西大地华基建材科技有限公司：乔斌

山东朗格润新材料有限公司：李辉永

煤炭工业太原设计研究院集团有限公司：冯蕊

河南强耐新材股份有限公司：赵松海

河南建筑材料设计研究院：曹晓润

石家庄荣强新型建材有限公司：胡楠

5 预拌砂浆参考配方

山西省建筑材料工业设计研究院有限公司石膏工程研究中心：滕朝晖

北京弗特恩科技有限公司：卢林友

柏诺新材（北京）科技有限公司：董慧艳

北京弗特恩科技有限公司：李振坤

全书统稿

山西省建筑材料工业设计研究院有限公司石膏工程研究中心：滕朝晖

上海市建筑科学研究院有限公司：赵立群

陕西中路西建机械设备有限公司：尹瑞龙

序

　　我国在 20 世纪 80 年代末从欧洲发达国家引进预拌砂浆生产与应用技术。四十余年来，我国预拌砂浆行业广大同仁不断努力，优化配合比例、改进关键设备，使得预拌砂浆的各项技术日臻成熟。在倡导创新、协调、绿色、开放、共享新发展理念的今天，推广使用预拌砂浆对保护生态环境、提升建筑质量、节约能源、提高生产效率具有重大意义。

　　目前预拌砂浆现已进入高速发展阶段。据统计，上海、北京、广东、浙江、四川、山东及江西等省、市已经实现了预拌砂浆的普及（某些地区出现了湿拌砂浆占有较高比率的情况）。随着城镇化建设进程的加快，危房拆迁加固、新农村建设等工程项目对预拌砂浆的需求将出现量和质的变化。如何适应建筑市场的发展要求，降低工程质量问题出现的概率，是行业必须面对和重视的问题。

　　新修订的《预拌砂浆》(GB/T 25181—2019) 受到业内人士的高度关注，实施过程中在山东、陕西、重庆、雄安新区等地进行了宣贯与培训。经过一段时间的跟踪调查发现，许多从业者需要了解对标准修订的关键指标的细化解释，施工人员需要掌握实际应用中出现的工程质量问题的预防策略，砂浆厂需要知晓配套设备（如砂浆储料罐）的关键技术指标及应用中的注意事项，实验室技术人员急需掌握各类砂浆的基础配合比例。本着"从实践中来，到实践中去"的指导思想，本书较为系统地总结了一线从业人员的技术管理经验和应用经验，主要内容从标准编制说明、工程实际应用指南、生产设备应知应会、储料罐等配套设施的发展、工程质量问题解析、基础配比等方面深入浅出地给读者阐述了完整的知识体系和解决问题的方法，助力预拌砂浆行业的健康有序发展。

孙振平

同济大学　孙振平

2021 年 1 月

前　言

随着建筑业的迅速发展，预拌砂浆已经在建材行业中占有相当重要的地位，其广泛应用于高层建筑、桥梁、水工大坝、机场、铁路等领域。因此，预拌砂浆的技术进步和建筑业的革新密切相关，新的结构、机械化施工、装配式建筑等要求预拌砂浆具备相应的技术特点。随着《预拌砂浆》(GB/T 25181—2019) 的实施宣贯，广大技术人员对于预拌砂浆应用技术的导向也有了新的认知，特别是对于近年来出现的瓷砖胶、防水砂浆、灌浆料等材料，要求从业者需要在有限的时间内，学习建筑材料新技术，更新优化自己的知识结构，更好地完成技术工作任务。

本书着重论述了标准修改原因，举出大量应用实例来引导技术工作人员更加快速掌握相关知识点，对于预拌砂浆生产线、输送、储存等辅助工序的影响因素也做了简要总结和讨论。

在撰写本书过程中，笔者注重实践，依据充分，特别对于工地上出现的问题做出全面深入分析，力求将基本原理、工程实践、问题解决相结合，反映了预拌砂浆技术现阶段的进展与水平。

本书在编写过程中得到了中国散装水泥推广发展协会预拌砂浆专业委员会的大力支持，中国散协专家委员会主任委员丁建一、中国散协预拌砂浆专业委员会主任孙岩对本书编写给予了积极指导。由于本书涉及内容广泛，在编辑过程中得到了如下人员的无私支持：中国建筑科学研究院建筑材料研究所张秀芳研究员、北京建筑材料检验研究有限公司冯秀芳博士、山西省建筑材料工程设计研究院温志强副院长、同济大学张国防教授、武汉大学梁文泉教授、太原理工大学杜红秀教授和阎蕊珍副教授、安徽理工大学滕艳华副教授等，在此表示诚挚的感谢。

本书可供从事建材行业研究、生产、设计等工程技术人员参考，也可供有关大中专院校学生参阅。

预拌砂浆技术发展日新月异，有些内容已整理得较为成熟和渐趋丰满，但也有些内容仍需同仁们进一步努力。由于笔者水平有限和时间仓促，书中错误和欠缺之处在所难免，希望能抛砖引玉，恳请广大读者批评指正。

编　者

2021 年 1 月

目　录

1 《预拌砂浆》（GB/T 25181—2019）标准解读

1.1 对标准使用范围的解读

本标准适用于砌筑、抹灰、地面工程用的预拌砂浆，以及对性能有特殊要求的专用砂浆（如自流平砂浆、耐磨地坪砂浆）、装饰装修类砂浆等。

预拌砂浆所用胶凝材料分为无机胶凝材料和有机胶凝材料，无机胶凝材料包括水泥、石灰、石膏等。考虑目前量大面广、应用范围广的砂浆大部分为水泥基的，且本标准未涉及非水泥基的预拌砂浆，因此本标准定位于水泥基砂浆。

1.2 对术语和定义的解读

1.2.1 预拌砂浆

预拌砂浆是指专业生产厂生产的湿拌砂浆或干混砂浆，不包括现场自行配制的砂浆。湿拌砂浆是指在专业生产厂加水搅拌好的湿砂浆即砂浆拌合物，干混砂浆是指在专业生产厂混合好的干态混合物。

1.2.2 湿拌砂浆

湿拌砂浆不同于传统现场拌制砂浆，除要求其具有一定的抗压强度外，更重要的是应具有良好的保水性、粘结性、可施工性等。为了使砂浆获得良好的和易性，通常需要掺入保水增稠材料如纤维素醚、砂浆稠化粉等。因湿拌砂浆是在专业生产厂加水搅拌好后运到施工现场的，且一次运送的方量较多。由于砂浆施工目前仍以手工操作为主，短时间内砂浆不能很快使用完，需要在施工现场储存一段时间，因此，保水增稠材料和起缓凝作用的外加剂就成为湿拌砂浆必不可少的组分，这两种组分使得湿拌砂浆在实际使用前能够长时间保持可操作性，而一经使用又能正常凝结硬化。

湿拌砂浆拌制好后要采用搅拌运输车运至使用地点，砂浆运输过程中要防止砂浆分层、离析。超过保塑时间的砂浆，稠度变小、和易性变差，不能满足施工要求，质量也得不到保证，因此，湿拌砂浆要在保塑时间内使用完毕。

1.2.3 干混砂浆

干混砂浆包括含有集料的颗粒状砂浆以及不含集料的粉状砂浆。含有集料的干混砂浆需预先对集料进行干燥、筛分处理。为了保证砂浆具有良好的和易性，通常需要掺入保水增稠材料如纤维素醚、砂浆稠化粉等，以及可再分散乳胶粉等来提高砂浆的保水性和粘结性能。目前，干混砂浆有单组分和双组分之分，有些砂浆分为粉料和液料，有些保温砂浆将粉料与轻集料单独包装，因此规定在使用地点加水或配套组分拌和使用。

1.2.4 砌筑砂浆

砌筑砂浆分为普通砌筑砂浆和薄层砌筑砂浆，主要是根据砂浆的使用厚度划分的。薄层砌筑砂浆目前主要用于尺寸精准的块材，如加气混凝土砌块，灰缝厚度通常控制在 5mm 以内。

1.2.5 抹灰砂浆

抹灰砂浆分为普通抹灰砂浆、薄层抹灰砂浆和机喷抹灰砂浆，主要是根据砂浆的使用厚度或施工工艺分类的。薄层抹灰砂浆可用于基层比较平整的墙体、顶棚等的抹灰，如加气混凝土砌块、现浇混凝土等，灰缝厚度通常控制在 5mm 以内。随着砂浆机械化施工的大力推进，对机械喷涂用砂浆提出了较高的要求，机喷抹灰砂浆应具有良好的可泵性、喷涂性、保水性、粘结性和抗流挂性等，以保证机械化施工的效果和质量。为了适应砂浆机械化施工发展的需要，本标准增加了机喷抹灰砂浆。

1.2.6　添加剂

特种干混砂浆中常掺入可再分散乳胶粉、颜料、纤维等添加剂来改善砂浆的性能，如黏聚性、柔韧性、抗流挂性、抗裂性等，可以说添加剂是特种干混砂浆中非常重要的组分，它对改善砂浆性能起着重要的作用，也是区别于普通砂浆的特征。为了与混凝土外加剂相区别，给出添加剂的定义。

1.2.7　保水增稠材料

保水增稠材料是改善砂浆可操作性、保水性及施工性的一种添加剂，常用的有砂浆稠化粉、各种类型的纤维素醚等。实际选用时，应根据砂浆的品种、性能及用途，通过试验确定，并与水泥相适应，以充分发挥其作用。

1.2.8　填料

特种干混砂浆中常掺入重质碳酸钙、轻质碳酸钙、石英粉等填料，这些材料属于惰性材料，对砂浆性能贡献不大，可增加砂浆的容量。

1.2.9　保塑时间

湿拌砂浆是在专业生产厂加水搅拌好后运到施工现场的，且一次运送的方量较多。由于砂浆施工目前仍以手工操作为主，短时间内砂浆不能很快使用完，需要在施工现场储存一段时间，这段时间就是保塑时间。要求砂浆在保塑时间内，砂浆的工作性能仍能满足施工要求。

1.3　对分类和标识的解读

1.3.1　分类

根据砂浆生产方式，将预拌砂浆分为湿拌砂浆和干混砂浆两大类。将加水拌和而成的湿砂浆称为湿拌砂浆,将干态材料混合而成的干砂浆称为干混砂浆。

关于预拌砂浆的符号,一是考虑以尽可能简单的符号表征砂浆的信息,二是考虑与国际接轨,因此,采用英文头一个字母表示,湿拌砂浆和普通用途干混砂浆采用两位符号,特种用途干混砂浆采用三位符号。虽然有些特种干混砂浆产品标准中规定了符号,但各标准之间不统一,因此,为了统一规范预拌砂浆的符号,并能更好地与国际进行交流,本标准统一进行了规定。

湿拌砂浆仅包括湿拌砌筑砂浆、湿拌抹灰砂浆、湿拌地面砂浆和湿拌防水砂浆四种,因特种用途的砂浆黏度较大,不适合采用湿拌的方式生产。

湿拌砂浆根据强度等级、抗渗等级、稠度及保塑时间分类。

(1)强度等级

砌筑砂浆强度等级参照《砌筑砂浆配合比设计规程》(JGJ/T 98—2010)的规定选取,M20以上高强度等级砌筑砂浆主要用于混凝土小砌块配筋砌体结构。

我国以往是按照材料组分及比例划分抹灰砂浆的种类。砂浆商品化后,预拌抹灰砂浆采用抗压强度进行分类。根据抹灰砂浆的抗压强度一般在5~20MPa,故原标准规定四个强度等级:M5、M10、M15、M20。根据工程需要,本次修订增加了M7.5等级抹灰砂浆。另外,增加了机喷抹灰砂浆。

《建筑地面工程施工质量验收规范》(GB 50209—2010)中5.3.3条规定:"水泥砂浆面层的强度等级不应低于M15",因此,地面砂浆强度等级分为M15、M20、M25。

湿拌防水砂浆是指具有一般的防水、防潮功能,因此规定其强度等级为M15、M20,此次修订取消了M10,因M10难以达到P6的最低要求。抗渗等级分为P6、P8、P10。

(2)稠度

湿拌砌筑砂浆的稠度是参考《砌体结构工程施工质量验收规范》(GB 50203—2011)的规定确定。湿拌抹灰砂浆和地面砂浆的稠度是根据工程经验并分别参照《建筑装饰装修工程质量验收标准》(GB 50210—2018)和《建筑地面工程施工质量验收规范》(GB 50209—2010)的规定确定。湿拌防水砂浆可用于墙体,也可用于地面,其稠度参照湿拌抹灰砂浆和湿拌地面砂浆的稠度而确定。因为稠度主要是为了满足施工要求,可以根据现场气候条件或施工要求进行调整,所以本次修订增加了备注。

(3)保塑时间

湿拌砂浆的定义是"水泥、细集料、矿物掺合料、外加剂、添加剂和水,按一定比例，在专业生产厂经计量、搅拌后，运至使用地点，并在规定时间内使用的拌合物"。湿拌砂浆的关键点是通过外加剂技术，使砂浆在工厂加水拌和、运输到工地、使用前贮存这段时间内，保持各项性能的稳定性，这个时间就是标准的"规定时间"。

原标准给出的技术指标是凝结时间，但砂浆临近凝结时间时已失去可塑性，处于凝结状态，无法再使用。很显然，这个"规定时间"不是指凝结时间，而是发生在凝结时间之前的时间。保塑时间发生在凝结时间之前，此时湿拌砂浆仍具有可塑性，对施工的指导意义较大，而且在保塑时间内，湿拌砂浆不需要加水重塑，施工性能仍能满足要求，从根本上保证了湿拌砂浆的施工质量。因此，本次修订取消了湿拌砂浆的凝结时间，改为保塑时间。

目前砂浆施工大部分为手工操作，湿拌砂浆在现场停留的时间较长，为给施工提供方便，特别是下午送到现场的砂浆仍能储存到第二天继续使用，故规定湿拌砂浆设计保塑时间最长可达24h。具体的保塑时间可由供需双方根据砂浆的品种、施工要求及气候条件等确定。

干混砂浆品种繁多，性能各异，常用的就有几十种。纳入本标准的干混砂浆包含十二个品种，其中砌筑砂浆、抹灰砂浆、地面砂浆及普通防水砂浆使用量较大，应用范围广，习惯上称为普通砂浆；其余砂浆为有特殊性能要求的砂浆，共八种。本次修订取消了保温板粘结砂浆和保温板抹面砂浆，因近几年出现较多材质的保温材料，如 EPS 板、XPS 板、聚氨酯板、酚醛板等，而各种材质的保温材料对砂浆的要求不一样，而且又都有相关的标准，故取消了这两个品种。同时根据使用需求，增加了填缝砂浆和修补砂浆。

干混抹灰砂浆增加了 M7.5 等级，以满足工程的需要。

1.3.2 标记

因为湿拌砂浆和干混砂浆的特点和性能要求不同，所以分别给出其标记方法。湿拌砂浆是根据强度等级、稠度、保塑时间划分的，故以这三个指标表示，而水泥品种不是很重要，因此不标记水泥的品种。因干混砂浆的品种较多、性能要求也比较复杂，而且其共性较少，因此只标记其主要性能或型号。

1.4 对原材料的解读

预拌砂浆所用原材料包括胶凝材料、集料、矿物掺合料、外加剂、添加剂和填料等。

预拌砂浆所用原材料繁多，均对砂浆性能有不同程度的影响。原材料不仅影响预拌砂浆的工作性能和力学性能，更重要的是砂浆的耐久性能与建筑物的使用寿命息息相关。因此，控制好原材料质量，对保证砂浆的质量及工程质量有重要意义。

1.4.1　一般要求

预拌砂浆所用原材料一是就地取材，二是越来越多地使用各种工业固体废弃物，三是采用多种化学外加剂、添加剂等。有些工业固体废弃物和化学外加剂、添加剂等可能含有放射性成分或易对环境产生污染。考虑到预拌砂浆大多用于人们从事活动的建筑物，因此规定所用原材料不应对人体、生物与环境造成有害的影响，所涉及的与使用有关的安全与环保问题，应符合国家现行相关标准的规定。

所有原材料进场时都应具有质量证明文件，并按有关规定进行复验，复验合格后方可使用。

1.4.2　水泥

因本标准仅涉及水泥基预拌砂浆，因此仅对水泥做出规定。

预拌砂浆所用水泥的品种较多，除硅酸盐水泥、普通硅酸盐水泥等通用硅酸盐水泥外，还有硫铝酸盐水泥、铝酸盐水泥、白色硅酸盐水泥等，均应符合相应标准的规定。

发展预拌砂浆是提高散装水泥使用量的一项重要措施。商改发〔2007〕205号文《关于在部分城市限期禁止现场搅拌砂浆工作的通知》中要求预拌砂浆生产企业必须全部使用符合标准要求的散装水泥。因此，本标准强调通用硅酸盐水泥应使用散装水泥。

1.4.3　集料

砂浆中的集料是不参与化学反应的惰性材料，在砂浆中主要起骨架或填充的作用。通过调整集料级配，可以改善砂浆的和易性及施工性，减少砂浆的收缩等。

细集料的最大粒径通常根据砂浆施工层的厚度来选择，如普通砌筑砂浆的厚度为 10mm 左右，则砂的粒径可粗些；抹灰砂浆的厚度越薄，砂的粒径就越小些。砂的颗粒级配对砂浆的和易性影响较大，尤其是对机喷砂浆的压力泌水率影响更为明显，因此，选择适宜的颗粒级配有助于改善砂浆的和易性。

随着天然砂资源的日益匮乏，近年来不断研究、开发、使用新的代砂材料，如机制砂、尾矿砂、再生集料等。由于这些集料的特性不同于天然集料，如机制砂的级配较差，再生骨料的微粉含量高、吸水率大等，因此需要通过试验验证后再使用，并应符合相关标准的规定。

1.4.4　矿物掺合料

矿物掺合料对砂浆性能有一定的改善作用，且能充分利用这些工业固体废弃物，加大资源综合利用率，提高预拌砂浆绿色化水平，保护环境，并降低砂浆的生产成本，因此提倡适量掺用矿物掺合料，但其掺量应符合相关标准规定并通过试验确定。

矿物掺合料包括粉煤灰、粒化高炉矿渣粉、天然沸石粉、硅灰等，这四种掺合料均有国家标准或行业标准，因此规定其应分别符合相应的标准。

1.4.5　外加剂

在选用砂浆外加剂时，应根据砂浆的品种与性能、气候条件及施工要求等，结合原材料性能、配合比以及对水泥的适应性等因素进行选取，并应通过试验确定其掺量。如自流平砂浆通过掺用超塑化剂获得较好的流动性，防水砂浆通常需要掺加防水剂，冬期施工时还需掺加防冻剂等。

对于湿拌砂浆，由于生产企业一般都是每次运输一车（几立方米）砂浆到工地，而目前砂浆施工大部分为手工操作，使用砂浆的速度较慢，这就要求运到现场的湿拌砂浆能有较长的存放时间，因此需要掺加缓凝型外加剂来调整砂浆的保塑时间，但不能影响砂浆强度的正常发展。

1.4.6　添加剂

特种用途干混砂浆与普通用途干混砂浆的主要区别是掺加较多的添加剂，最常用的添加剂有保水增稠材料、可再分散乳胶粉、颜料、纤维等。保水增稠材料使用最广，品种较多，如纤维素醚、淀粉醚、砂浆稠化粉等，其中纤维素醚又有较多类型，如甲基羟丙基纤维素醚（MHPC）、甲基羟乙基纤维素醚（MHEC）、羟乙基纤维素醚（HEC）、羧甲基纤维素钠（CMC）等，每种又有不同的性能（如黏度、细度）要求，它们对干混砂浆的和易性会产生较大影响。可再分散乳胶粉是一种重要添加剂，主要作用是提高砂浆的黏聚性。由于不同厂家、不同型号的可再分散乳胶粉存在较大差异，所以应根据砂浆的品种及性能要求通过试验确定。有些品种砂浆如饰面砂浆、自流平砂浆等需要添加颜料、纤维等。因此，规定添加剂应符合相关标准的要求，或有充足的技术依据，并应在使用前进行试验验证。

当砌筑砂浆中掺用引气型保水增稠材料时，会对砌体的力学性能产生不利影响，因此规定砌筑砂浆增塑剂应符合《砌筑砂浆增塑剂》（JG/T 164—2004）的规定。

1.4.7 填料

特种用途干混砂浆中通常掺加一些填料，如重质碳酸钙、轻质碳酸钙、石英粉、滑石粉等。这些惰性材料没有活性，不产生强度，主要作用是增加砂浆体积，降低生产成本。

1.4.8 拌和水

拌制砂浆用水的要求同混凝土，即应符合《混凝土用水标准》（JGJ 63—2006）的规定。

1.5 对技术要求的解读

1.5.1 湿拌砂浆

为了改善砂浆和易性，砌筑砂浆中往往掺入砂浆增塑剂等。但是，加入有机增塑剂的水泥砂浆，其砌体破坏荷载低于水泥混合砂浆，因此《砌体结构工程施工质量验收规范》（GB 50203—2011）规定：在砂浆中掺入的砌筑砂浆增塑剂、早强剂、缓凝剂、防冻剂、防水剂等砂浆外加剂，其品种和用量应经有资质的检测单位检验和试配确定，所用外加剂的技术性能应符合国家有关标准《砌筑砂浆增塑剂》（JG/T 164—2004）、《混凝土外加剂》（GB 8076—2008）、《砂浆、混凝土防水剂》（JC 474—2008）的质量要求。

砌体结构是由砌筑砂浆和块材粘结在一起构成的，因而砌筑砂浆和块材的粘结性就显得尤为重要，这个性能可通过砌体抗剪强度表达，因此，做出此规定。

《砌筑砂浆增塑剂》（JG/T 164—2004）性能指标中规定标准搅拌时的含气量≤20%。砂浆中掺入引气型增塑剂后，砂浆拌合物的密度会降低，当含气量达到20%左右时，砂浆密度将会降低到1800kg/m³左右。因5.6.2条已规定砌筑砂浆增塑剂应符合（JG/T 164—2004）的规定，因此，取消"湿拌、干混普通砌筑砂浆拌合物的表观密度不应小于1800kg/m³"的规定。

1.5.2 湿拌砂浆的性能指标

湿拌砂浆的性能指标有保水率、压力泌水率、拉伸粘结强度、收缩等。

1. 保水率

虽然砂浆与混凝土的一些主要成分相同，但它们的作用却不相同。一般来说混凝土都浇筑在金属或木模中，能保留大部分水，而砂浆通常被砌筑在吸水块材之间或涂抹在吸水基层上，只要砂浆与块材或基层接触，砂浆就被吸去水分并向大气中蒸发，因而砂浆的保水性就显得尤其重要。另外，目前国家限制使用实心黏土砖，大力推广使用新型墙体材料，特别是采用工业废渣生产的墙体材料，因为这些新型墙体材料的材料特性及吸水特性与烧结黏土砖有较大的区别，所以要求砂浆具有更好的保水性，以保证砂浆本身强度和粘结强度。

《建筑砂浆基本性能试验方法标准》（JGJ/T 70—2009）规定保水率精确至0.1%，此次修订将保水率调整为小数点后1位，即88.0%。机喷抹灰砂浆需要有更好的保水性，以保证砂浆输送过程中不离析，不泌水，不堵管，因此规定保水率≥92%。

2. 压力泌水率

随着人工成本的不断上升以及施工水平的提高，原始、落后的手工操作正逐步被机械化施工所替代，砂浆机械化施工是预拌砂浆行业的发展方向。为此，增加了有关湿拌、干混机喷抹灰砂浆的性能指标。

砂浆机械化施工工艺是将搅拌好的砂浆通过管道输送到喷枪，通过压缩空气的压力，将砂浆连续均匀地喷涂于墙面和顶棚，再经过找平搓实，完成施工。其施工效率是传统人工抹灰的4～12倍，大大节约了时间和人工成本，还能减少材料浪费，综合成本显著降低。由于砂浆是通过管道输送到作业面的，因此要求砂浆应具有良好的保水性、可泵性、喷涂性和抗流挂性，这样才能保证砂浆泵送过程中不离析，不堵管，喷涂均匀，上墙后不流淌，砂浆与基层粘结牢固。

由于目前标准规范对机喷抹灰砂浆还没有统一的测试方法和评价标准，首先需要确定适合于评价机喷砂浆性能的试验方法。考虑砂浆机械化施工是将搅拌好的砂浆通过管道输送到喷枪，类似于混凝土的泵送，故参考《普通混凝土拌合物性能试验方法标准》（GB/T 50080—2016）中"压力泌水"的方法进行验证试验。通过试验发现，压力泌水率指标可以较好地反映砂浆在管道输送过程中的特性，宜控制在40%以内，过大的压力泌水容易造成堵管、喷涂不顺畅。同时标准还规定了保水率、拉伸粘结强度、收缩等指标。

3. 拉伸粘结强度

抹灰砂浆除要求具有良好的和易性和施工性，容易抹成均匀平整的砂浆层外，还要求砂浆具有较强的粘结力，砂浆层能与基层粘结牢固，长期使用不致开裂、空鼓或脱落。传统抹灰砂浆和易性差，施工困难，容易导致疏松、开裂、渗漏，不能很好地起到保护墙体的作用，其中的一个主要原因就是砂浆的粘结强度低。所以对于抹灰砂浆来说，粘结强度是一项重要的指标。我国目前抹灰砂浆施工大多还处于手工操作阶段，劳动强度高，抹灰层厚度受基层及施工水平的限制，一般在20mm左右，分2～3次完成。

4. 收缩

当砂浆收缩、变形较大时，会引起砂浆层开裂。因此标准对抹灰砂浆、防水砂浆的收缩要求做了规定。

5. 抗冻性

在北方地区的冬季，当砂浆用在室外时，还应考虑抗冻性的要求，冻融循环次数根据不同地区来确定。

湿拌砂浆在交货地点验收时稠度的偏差不能太大；否则会影响砂浆的施工性能。《预拌砂浆》（GB/T 25181—2019）表8给出了稠度的允许偏差范围。因砂浆稠度过大，易造成泌水、流淌、收缩大，故对稠度100mm的允许偏差上限控制严一些。生产厂家可根据砂浆的性能、气候条件和施工要求，以及砂浆在运输过程中的稠度损失确定砂浆的出机稠度。

1.5.3 干混砂浆

干混砂浆外观均匀、不受潮结块是保证砂浆质量的前提。

普通用途干混砂浆除了生产方式与湿拌砂浆不同外，对砂浆本身的性能要求基本是一样的，因此，普通干混砂浆的强度等级、保水率、拉伸粘结强度、收缩等指标与湿拌砂浆的要求相同。因为干混砂浆是在现场加水拌制的，所以未对其稠度做出要求。砂浆随用随拌，不需要贮存太长的时间，凝结时间主要是满足施工的要求。此次修订将凝结时间由 3～9h 修改为 3～12h，主要考虑凝结时间可由生产企业根据气候条件、施工要求等确定，标准不宜控制太严。

目前，我国的砂浆施工工艺仍以手工操作为主，即人工砌筑、人工抹灰等。随着时间的延长，砂浆稠度逐渐损失，当稠度损失到一定程度时，即失去了可施工性。在《砌体结构工程施工质量验收规范》（GB 50203—2011）中规定：现场拌制的砂浆应随拌随用，拌制的砂浆应在 3h 内使用完毕；当施工期间最高气温超过 30℃时，应在 2h 内使用完毕。因此，为了保证砂浆具有一定的可操作性，不影响正常施工，规定了 2h 稠度损失率的要求。但应注意，稠度损失率的试验结果与试验环境的温、湿度条件有关，环境湿度越高、温度越低，砂浆中的水分蒸发得越慢，稠度损失也越小，因此，附录 B 规定了标准试验条件，以保证试验结果具有可比性。

本次修订增加了干混机喷抹灰砂浆，其保水率、压力泌水率、拉伸粘结强度等要求同湿拌机喷抹灰砂浆。

室内、室外粘贴的瓷砖所经受的环境条件不同，室外粘贴的瓷砖要经受严寒酷暑、大风雨雪的恶劣环境考验，因此要求陶瓷砖粘结砂浆应具有较好的耐冻、耐热性；相对来说，室内环境条件比较稳定，不经受极端温度的影响，因此，对室内用陶瓷砖粘结砂浆的要求可适当放宽。实际上，砂浆生产企业供应的陶瓷砖粘结砂浆也是根据陶瓷砖的品种、吸水率、尺寸、基层、施工工艺等分为不同类型、不同品质的。根据实际使用情况，并参考《陶瓷砖胶粘剂》（JC/T 547—2017），将陶瓷砖粘结砂浆分为室内用和室外用两种型号，室内用又分为 Ⅰ 型、Ⅱ 型，并规定相应的技术要求。

国家标准《陶瓷砖》（GB/T 4100—2015）根据吸水率将陶瓷砖分为瓷质砖（吸水率≤0.5%）、炻瓷砖（0.5%＜吸水率≤3%）、细炻砖（3%＜吸水率≤6%）、炻质砖（6%＜吸水率≤10%）、陶质砖（吸水率＞10%）。瓷砖的吸水率越低、尺寸越大，越难粘贴，对陶瓷砖粘结砂浆的要求也越高。考虑到近年来低吸水率的瓷质砖（俗称玻化砖）应用越来越多，由于此类砖的吸水率很低，不容易粘贴，因此，本次修订将室内用陶瓷砖粘结砂浆分为Ⅰ型、Ⅱ型两种型号。Ⅰ型主要适用于常规尺寸的非瓷质砖粘贴；Ⅱ型主要适用于低吸水率、大尺寸的瓷砖粘贴，如玻化砖。

2014 年发布的《外墙外保温系统用水泥基界面剂》（JC/T 2242—2014）标准中包含了膨胀聚苯板用界面剂、挤塑聚苯板用界面剂的内容，技术指标与 GB/T 25181—2010 版基本相同，因此本次修订取消了这两种界面剂，只保留了混凝土界面砂浆和加气混凝土界面砂浆。

填缝砂浆是与陶瓷砖粘结砂浆配套使用的，随着陶瓷砖粘结砂浆使用量的不断增长，填缝砂浆的使用量也在增长，因此，本次修订增加了此品种。

随着外墙外保温技术的发展，以及对建筑物外观有个性要求的需要，饰面砂浆应用越来越广泛，用量也快速增长，其性能应符合《墙体饰面砂浆》（JC/T 1024—2019）的要求。

本次修订增加了修补砂浆。

1.6 对制备的解读

1.6.1 湿拌砂浆

固体组分的密度因操作方法或含水状态不同而会有所变化，如按体积计量，易造成计量不准确，从而难以保证砂浆质量，因此，规定各种固体原材料的计量均应按质量计。

规定了每盘计量允许偏差和累计计量允许偏差。

目前，湿拌砂浆基本上由混凝土搅拌站生产供应。砂浆和混凝土可以共用原材料资源、实验室、物流、工程项目等资源，不需新建生产线，节省设备投资。只需对既有混凝土生产线进行改造，如增加砂筛分系统、计量设备改造、调整搅拌机叶片和衬板间隙等即可生产湿拌砂浆。随着湿拌砂浆产量的不断提高，宜采用独立生产线生产湿拌砂浆。

湿拌砂浆是由多种不同材性的材料搅拌而成的。在搅拌过程中，各种材料之间会发生一系列复杂的物理、化学及物理化学等反应，这需要一定的时间。

只有经过一定时间的外界强力搅拌，才能将砂浆的各组成材料均化，充分发挥各组成材料的作用，使砂浆具备所要求的性能。为了保证砂浆拌合物的匀质性，有必要对最短搅拌时间进行规定。湿拌砂浆如要满足第 6 章的要求，一般需要掺加保水增稠材料、外加剂、矿物掺合料等。通过广泛的调研及试验验证，此次修订将湿拌砂浆的最短搅拌时间缩短为 30s。

砂的含水率变化直接影响砂浆的水灰比，进而引起砂浆稠度及强度的波动，因此规定每个工作班都应测定砂的含水率。当砂含水率有显著变化时，应增加测定次数，以保证砂浆配合比的准确性和质量稳定。

随着社会对环保的日益重视，湿拌砂浆的生产也要符合环保的要求。根据湿拌砂浆生产的具体情况，提出了对搅拌站的生产工艺、废水废料处理及集料堆场等的环保要求。

1.6.2 干混砂浆

干混砂浆所用集料为干料，故对其含水率做出了规定。集料的颗粒级配对砂浆的和易性、施工性等影响较大，所以必要时可对集料进行分级处理，根据砂浆的品种及要求，合理确定各粒级集料的比例。

2016 年发布的国家标准《干混砂浆生产线设计规范》（GB 51176—2016），分别规定了干混砂浆主要材料、外加剂和添加剂的计量允许偏差。本次修订据此修改了干混砂浆原材料的计量允许偏差。

干混砂浆通常是由成套生产设备进行烘干、筛分、配料计量、搅拌混合、包装储存或散装的工业化生产。生产线采用计算机控制，计量准确、混合均匀，并能根据砂浆的不同功能要求加入相应的添加剂，大大提高了砂浆的质量，实现了产品的多样化，同时减少了城市垃圾及对环境的污染。

干混砂浆的生产设备原先多为国外进口设备，其价格昂贵，在一定程度上阻滞了干混砂浆在我国的应用及发展。近年来，国内多家设备企业参与干混砂浆生产设备的研发和生产，国产设备已能完全替代进口设备。

混合时间与混合机型号、砂浆品种等有关，不宜做统一规定，应根据具体情况确定，应保证砂浆混合均匀。

不同品种的砂浆混用，砂浆性能会受到影响，严重时还会发生质量事故。因此，为保证干混砂浆的质量及工程质量，更换砂浆品种时，应对混合及输送设备等进行清理。

1.7　对试验方法的解读

1.7.1　湿拌砂浆

　　湿拌砂浆出厂检验及交货检验的试样已加水搅拌好，故按其实际稠度进行检验。型式检验时，可由生产厂家提供原材料及配合比，由检测机构进行检测。

　　《建筑砂浆基本性能试验方法标准》（JGJ/T 70—2009）已将抗压强度试验由原来的无底模改为有底模，并给出 1.35 的换算系数。当时该标准修订时，采用砖底模与钢底模进行了预拌普通砂浆抗压强度的对比试验，试验结果表明，砖底模与钢底模测得的 28d 抗压强度比值基本在 1.40～1.70，也就是说，采用钢底模并乘以 1.35 的换算系数后，砂浆抗压强度有一定的保证。

　　保塑时间的合格标准是同时满足稠度变化率不大于 30%（湿拌机喷抹灰砂浆不大于 20%）、抗压强度和拉伸粘结强度分别符合《预拌砂浆》（GB/T 25181—2019）中表 5 和表 6 的相应要求。

　　《建筑砂浆基本性能试验方法标准》（JGJ/T 70—2009）规定滤纸的单位面积质量应为 200g/m²，但市场上难以买到符合该质量要求的滤纸。通过对全国各省市采购、使用的滤纸情况的调研，单位面积滤纸质量基本为 85g/m² 左右，因此规定单位面积滤纸质量为（85±3）g/m²。另外，要求滤纸直径不小于 110mm。

　　压力泌水率试验方法是参考《普通混凝土拌合物性能试验方法标准》（GB/T 50080—2016）给出的，其中将水的计量由体积改为质量。因泌出的水中含有一定的气泡，如按体积计量，会带来较大的读数误差，故改为按质量计量。另外，改为 10s 时迅速更换另一只烧杯，这样操作方便，减小读取误差。

　　砂浆拉伸粘结强度试验方法在许多砂浆标准中都有规定，但各标准对基底块、试件成型的厚度及面积、养护条件、龄期等规定不同，导致一个性能指标有多种不同的试验方法，标准之间不统一、不协调。因此，在检测砂浆拉伸粘结强度时严格按照相应标准规定的试验方法进行操作。

　　由于湿拌砂浆和普通干混砂浆自身的粘结强度较低，导致测试结果离散度高、重复性差。因此规定至少制备 10 个试样，且有效数据不少于 6 个。建议各地检测部门严格控制检验条件，控制检验参数，加强人员培训，提高复演性。

1.7.2　干混砂浆

用水量对砂浆性能有较大的影响，有必要对干混砂浆试验时的稠度做出统一规定，以保证检验结果具有可比性。依据普通干混砂浆施工时的稠度要求，规定了其试验时的稠度取值范围。

因容器表面不覆盖，环境的温、湿度条件对稠度损失影响较大，故应严格控制温、湿度条件。

《陶瓷砖胶粘剂》（JC/T 547—2017）已将试验用瓷砖的吸水率调整为0.1%～0.5%，故执行该标准即可。

1.8　对检验规则的解读

1.8.1　一般规定

当需方不具备收货检验的试验条件时，可委托有检验条件的单位进行检验，可以是供方，也可以是供需双方认可的有检验资质的第三方。

规定 7d 内提交检验结果，主要是考虑如果有问题可及时提出，避免以后发生不必要的纠纷。

1.8.2　检验项目

不具体规定收货检验的项目，由需方确定，并经双方确认。

1.9　对包装、贮存和运输的解读

干混砂浆有两种包装形式：散装和袋装。散装干混砂浆符合环保要求，也是国家倡导的，是未来的发展方向，其使用量正逐年增加。

鉴于大多数特种干混砂浆（除灌浆砂浆外）标准中规定的贮存期为 6 个月，因此本标准规定袋装特种干混砂浆的贮存期为 6 个月。因自流平砂浆贮存期过长会影响其质量，故规定其贮存期为 3 个月。

砂浆在运输途中会受到颠簸、振动，容易造成砂浆拌合物的分层、离析，故应使用带搅拌装置的混凝土运输车运输，以保证砂浆的质量。

如往已配制好的砂浆中额外加水，将会改变砂浆的性能，因此规定不应向运输车内的砂浆加水，以确保砂浆配合比符合设计要求，保证砂浆的质量。

散装干混砂浆可通过两种方式运送到现场，一是通过散装干混砂浆运输车将散装砂浆运送到现场；二是将砂浆贮存到移动筒仓中，用背罐车运送到现场，并伫立在现场。目前，我国大多采用第一种方式运输。

2 预拌砂浆应用常见问题解析

2.1 湿拌砂浆应用常见问题

1. 湿拌砂浆为什么能在较长的时间内保持可抹性?

湿拌砂浆中加入一定缓凝剂以便延缓水泥的水化硬化速度,使新拌砂浆在较长时间内保持塑性,能够保证产品的运输和施工。需要注意的是天气、基础材料、施工习惯都会影响可抹性。

2. 湿拌砂浆专用缓凝剂有哪些优点?

专用于湿拌砂浆的缓凝外加剂应具有推迟水泥初凝时间的性质,使砂浆在密闭容器内最长可保持 24h 不凝结,超过上述时间或者砂浆中的水分被吸附、蒸发后,砂浆仍能正常凝结硬化。砂浆专用缓凝外加剂还必须具有对于砂浆强度影响较小的性能。例如,某科技有限公司生产的专用缓凝剂品质指标见表 2-1。

表 2-1 专用缓凝剂品质指标

项目	氯离子含量/%	砂浆凝结时间/h
质量要求	≤0.40	≥24

3. 粉煤灰在砂浆中发挥了哪些作用?

建议往一般砂浆中加入 Ⅱ 级粉煤灰。粉煤灰具有火山灰效应,颗粒微细,且含有大量玻璃体微珠(漂珠),掺入砂浆中可以发挥三种效应,即形态效应、活性效应和微集料效应。

(1) 形态效应

粉煤灰中含有大量的玻璃微珠,掺入砂浆中可以减小砂浆的内摩擦阻力,提高砂浆的和易性。

(2) 活性效应

粉煤灰中,活性二氧化硅、三氧化二铝、三氧化二铁等活性物质的含量超过 70%。尽管这些活性成分单独存在时不具有水硬性,但在氢氧化钙和硫酸盐的激发作用下，可生成水化硅酸钙、钙矾石等物质，使强度提高，尤其使材料的后期强度明显提高。

（3）微集料效应

粉煤灰粒径大多小于 0.045mm，总体上比水泥颗粒还细，填充在水泥凝胶体中的毛细孔和气孔之中，使砂浆凝胶体更加密实，强度更高。

4. 砂浆中合理选加粉煤灰的意义有哪些？

因粉煤灰的品质对砂浆的性能有较大的影响，因此，需合理选加粉煤灰，并根据试验确定最合适的掺量。

（1）砂浆拌合物性能

品质优良的粉煤灰具有减水作用，因此可减少砂浆需水量；粉煤灰的形态效应、微集料效应可提高砂浆的密实性、流动性和塑性，减少泌水和离析；另外，可延长砂浆的凝结时间。掺入粉煤灰后砂浆变得黏稠柔软，在一定程度上可防止泌水，而且手感好，改善了砂浆的施工性能（注意：如果粉煤灰的烧失量过高，会使得外加剂掺量大大提高；如果是脱硝灰，会使得砂浆加水产生气味）。

（2）强度

通常情况下，随着粉煤灰掺量的增加，砂浆强度下降幅度增大，尤其是早期强度降低更为明显，但在有利的使用环境下后期强度提高。粉煤灰取代水泥的量与超量系数有关，通过调整粉煤灰超量系数，可使砂浆强度等同于基准砂浆。

（3）弹性模量

粉煤灰砂浆的弹性模量与抗压强度呈正比关系。由于粉煤灰中的未燃炭分会吸附水分，因此同样工作性的情况下，粉煤灰烧失量越高，粉煤灰砂浆的收缩也越大。弹性模量的一致又是各种建筑材料之间相容性重要指标。

（4）耐久性

一般认为，由于粉煤灰改善了砂浆的孔结构，故其抗渗性要优于普通砂浆。随着粉煤灰掺量的增加，粉煤灰砂浆抗渗性将提高。

5. 湿拌抹灰砂浆的拉伸粘结强度有何意义？

抹灰砂浆工程质量的最终衡量指标是抹灰层不产生开裂、空鼓和爆裂，这取决于材料质量和施工操作水平。抹灰砂浆硬化后的主要指标是其与基层的粘结强度。一般而言，在一定范围内，水泥用量大，则砂浆粘结强度也高，但不完全呈正比；砂浆抗压强度太高，粘结强度反而降低，也就是抗压强度、抗拉强度并不能表征砂浆与基层粘结强度。所以，对抹灰砂浆要有拉伸粘结强度的规定，要求强度等级 M5 抹灰砂浆的拉伸粘结强度不低于 0.15MPa，M10 以上抹灰砂浆拉伸粘结强度不低于 0.20MPa。

6. 什么是湿拌砂浆的重塑?

湿拌砂浆在储存过程中如出现少量泌水现象,使用前应拌匀达到使用要求(如泌水严重,应重新取样进行品质检验)。重塑是指砂浆在规定使用时间内稠度大,使用时稠度达不到施工要求,在确保质量的前提下,经现场技术负责人认定后,可加适量水拌和使砂浆重新获得原定的稠度。砂浆重塑只能进行一次。

7. 对湿拌砂浆的运输和储存的要求有哪些?

对湿拌砂浆的运输和储存中有如下要求:

(1)应使用带搅拌装置的运输车运输,运输过程中按规定进行操作。运输车的方量大小应遵循经济原则。装料口应保持清洁,筒体内不得有积水、积浆,在运输和卸料时不得随意加水,以确保砂浆配合比符合设计要求,从而保证砂浆的质量。

(2)湿拌砂浆运到现场后,如用砖或砌块砌筑灰池,需要用防水砂浆(吸水率小于5%)抹面。储存灰池地面应有一定的坡度找平,便于清洗。灰池应有足够面积的顶棚,防雨防晒。砂浆储存在灰池中,应用塑料布完全覆盖灰池表面,以保证砂浆处于密闭状态。

(3)注意湿拌砂浆可操作性时间设计,要在可操作时间范围内进行施工。

8. 湿拌砂浆外加剂如果出现异味、结块,还能继续使用吗?

不能使用。出现异味有可能是外加剂被微生物污染,失去了调节的功能;出现结块,往往是保水剂和其他不相容物发生反应导致本身失去了保水效果。

9. 湿拌砂浆外加剂如何选用?

目前市场上外加剂种类很多,其中应用较为广泛的是单组分外加剂,具有操作简单的优点。另外,双组分外加剂有着可操作性时间、便于精准调节的优势。实际应用中,须具体根据工程要求来选用。

2.2 干混砂浆应用常见问题解析

1. 砂的细度模数(M_X)有什么意义?

细度模数是表示砂的粗细程度,按式(2-1)计算:

$$M_X = \frac{(\beta_2 + \beta_3 + \beta_4 + \beta_5 + \beta_6) - 5\beta_1}{100 - \beta_1} \tag{2-1}$$

式中,β_1、β_2、β_3、β_4、β_5、β_6 分别为公称直径 5.00mm、2.50mm、1.25mm、

$630\mu m$、$315\mu m$、$160\mu m$ 方孔筛上的累计筛余率。

细度模数越大，表示砂子越粗。根据细度模数，将砂子分为粗砂、中砂、细砂和特细砂。粗砂：$M_X=3.7\sim3.1$；中砂：$M_X=3.0\sim2.3$；细砂：$M_X=2.2\sim1.6$；特细砂：$M_X=1.5\sim0.7$。一般抹灰砂浆建议使用中砂。在实际应用中，采用砂子复配，可以用细度模数来验证其细度。

但是，细度模数并不能反映砂的级配情况，细度模数相同的砂，其级配并不一定相同。

2. 颗粒级配对于砂浆应用的重要性有哪些?

良好的颗粒级配应当能使集料的空隙率和总表面积较小，从而不仅使所需水泥浆量较少，还可以提高砂浆的密实度、强度及其他性能。若砂子的颗粒级配（表2-2）不好，则会产生较大的空隙率，使得砂浆的浆体需用量增加，砂浆使用效果受到影响。

表 2-2　砂颗粒级配区

公称粒径	累计筛余率 /%		
	Ⅰ区	Ⅱ区	Ⅲ区
5.00mm	10～0	10～0	10～0
2.50mm	35～5	25～0	15～0
1.25mm	65～35	50～10	25～0
630μm	85～71	70～41	40～16
315μm	95～80	92～70	85～55
160μm	100～90	100～90	100～90

3. 建筑砂浆对砂子的含泥量及泥块含量有什么要求?

含泥量是指集料中公称粒径小于 $80\mu m$ 颗粒的含量。

砂的泥块含量是指砂中公称粒径大于 1.25mm，经水洗、手捏后变成小于 $630\mu m$ 的颗粒的含量。

砂中的泥土颗粒一般较细，泥土颗粒增加了集料的比表面积，会加大用水量或水泥浆用量。黏土类矿物通常有较强的吸水性，吸水时膨胀，干燥时收缩，会对砂浆强度、干缩及其他耐久性能产生不利的影响。当泥土粒包裹在砂的表面，还会影响水泥浆与砂之间的粘结能力。当以泥块存在时，由于泥块本身强度较低，不仅起不到骨架作用，还会在砂浆中形成薄弱部分，影响抗压强度和粘结力。因此，应对砂浆中砂的含泥量和泥块含量加以限制，要求含泥量≤5.0%，泥块含量≤2.0%。

4. 砂中的有害物的质影响有哪些？

集料中存在着或妨碍水泥水化，或削弱集料与水泥石的粘结，或能与水泥的水化产物进行化学反应并产生有害膨胀的物质称为有害物质。砂中的有害物质主要有云母、轻物质、有机物、硫化物及硫酸盐等。

（1）云母一般呈薄片状，表面光滑，强度较低，且易沿解理面错裂，因而与水泥石的粘结性能较差，当云母含量较多时，会明显降低混凝土及砂浆的强度，以及抗冻、抗渗等性能。

（2）砂中的有机杂质通常是动植物的腐殖物，如腐殖土或有机壤土，会妨碍水泥的水化，降低强度。

（3）有硫铁矿或生石膏等硫化物或硫酸盐，可能与水泥的水化产物反应生成硫铝酸钙，导致体积膨胀。因此，对这些有害物质的含量应加以控制，并应符合表 2-3 中的规定。

表 2-3　砂中的有害物质含量

项目	质量指标
云母含量（按质量计，%）	≤2.0
轻物质含量（按质量计，%）	≤1.0
硫化物及硫酸盐含量 （折算成 SO_3 按质量计，%）	≤1.0
有机物含量（用比色法试验）	颜色不应深于标准色。当颜色深于标准色时，应按水泥胶砂强度试验方法进行强度对比试验，抗压强度比不应低于 0.95

5. 碱-集料反应的危害有哪些？

集料中若含有活性氧化硅或含有黏土的白云石质石灰石，在一定的条件下会与水泥中的碱发生碱-集料反应（碱-硅酸或碱-碳酸盐反应），产生膨胀并导致混凝土开裂。

6. 用人工砂制备预拌砂浆需要注意的问题有哪些？

由于设备、石料等问题，人工砂颗粒形状粗糙尖锐、多棱角，砂颗粒内部微裂纹多、空隙率大、开口相互贯通的空隙多、比表面积大，加上石粉含量高等特点，用人工砂配制的砂浆与河砂砂浆有较大的差异。要考虑以下问题：

（1）石粉加入产生的促凝作用和增黏作用；

（2）工人手感问题；

（3）砂子本身的筒压强度。

7. 什么是轻集料？如何分类？

轻集料是堆积密度低于1200kg/m³的天然或人工多孔轻质集料的总称。

轻集料按材料属性分为无机轻集料和有机轻集料，见表2-4。

轻集料按原材料来源可分为天然轻集料、人造轻集料和工业废料轻集料，见表2-5。

表 2-4   轻集料按材料属性分类

类别	材料性质	主要品种
无机轻集料	天然或人造的无机硅酸盐类多孔材料	浮石、火山渣等天然轻集料和各种陶粒、矿渣等人造轻集料
有机轻集料	天然或人造的有机高分子多孔材料	木屑，碳珠、聚苯乙烯泡沫轻集料等

表 2-5   轻集料按材料来源分类

类别	原材料来源	主要品种
天然轻集料	火山爆发或生物沉积形成的天然多孔岩石	浮石、火山渣、多孔凝灰岩、珊瑚岩、钙质贝壳岩等及其轻砂
人造轻集料	以黏土、页岩、板岩或某些有机材料为原材料加工而成的多孔材料	页岩陶粒、黏土陶粒、膨胀珍珠岩、沸石岩轻集料、聚苯乙烯泡沫轻集料、超轻陶粒等
工业废料轻集料	以粉煤灰、矿渣、煤矸石等工业废渣加工而成的多孔材料	粉煤灰陶粒、膨胀矿渣珠、自燃煤矸石、煤渣及其轻砂

8. 什么是膨胀玻化微珠？

膨胀玻化微珠是由一定粒径的原料矿砂，经高温焙烧膨胀、玻化等工艺制成，表面玻化封闭，形似球状，内部为多孔空腔结构的无机颗粒材料。如果用于抹灰材料，建议参考《抹灰材料用膨胀玻化微珠》（T/CBCA 005—2020）。

轻集料的吸水速率取决于颗粒表面的孔隙特征、集料内部的孔隙连通程度及烧成程度等。吸收在集料内部的水分，虽然不能立即与水泥发生作用，但在混凝土硬化过程中，能不断供给水泥水化用。

轻集料具有较高的吸水性，由于孔中的水结冰体积产生膨胀，破坏轻集料内部结构，使轻集料自身的强度降低，因此轻集料的抗冻性是影响轻集料混凝土耐久性的一个关键参数。在严寒地区使用轻集料混凝土时，轻集料必须具有足够的抗冻性，才能保证所拌制的混凝土的耐久性。

9. 引气剂有哪些品种？

引气剂属于表面活性剂，可分为阴离子、阳离子、非离子与两性离子等类型，使用较多的是阴离子表面活性剂，常用的有以下几类：

（1）松香类引气剂

松香类引气剂是松香或松香酸皂化化合物与苯酚、硫酸、氢氧化钠在一定温度下反应、缩聚形成大分子，经过氢氧化钠处理，成为松香热聚物。

（2）非松香类引气剂

非松香类引气剂包括烷基苯磺酸钠、OP乳化剂、丙烯酸环氧酯、三萜皂苷。这类引气剂的特点是在非离子表面活性剂基础上引入亲水基，使其易溶于水，起泡性好，泡沫细致，而且能较好地与其他外加剂复合。其中烷基苯磺酸钠易溶于水，起泡量大，但泡沫易消失。

（3）改性引气剂

在表面活性剂的基础上，进行优化使得引入的气泡泡沫均一、稳定，如：AY02。

10. 砂浆中为什么有时需要加入引气剂？

引气剂可在砂浆搅拌过程中引入大量分布均匀、稳定而封闭的微小气泡。砂浆中掺入引气剂后，可显著改善浆体的和易性，提高硬化砂浆的抗渗性与抗冻性。虽然引气剂掺量很少，但对砂浆的性能影响却很大，主要作用如下：

（1）改善砂浆和易性

掺入引气剂后，在砂浆内形成大量微小的封闭气泡，这些微气泡如同滚珠一样，减小骨料颗粒之间的摩擦阻力，使砂浆拌合物的流动性增强，特别是在人工砂或天然砂颗粒较粗、级配较差以及贫水泥砂浆中使用效果更好。同时由于水分均匀分布在大量气泡的表面，使能自由移动的水量减少，因此可减少砂浆的泌水量。

（2）提高砂浆的抗渗、抗冻及耐久性

引气剂使砂浆拌合物泌水性减弱，泌水通道的毛细管也相应减少。同时，大量封闭的微细泡的存在，堵塞或隔断了砂浆中毛细管渗水通道，改变了砂浆的孔结构，使砂浆抗渗性得到提高。气泡有较大的弹性变形能力，对由水结冰所产生的膨胀应力有一定的缓冲作用，因而砂浆的抗冻性得到提高，耐久性也随之提高。

（3）降低砂浆强度

大量气泡的存在，减少了砂浆的有效受力面积，使砂浆强度降低。一般含气量每增加1%，强度下降5%。对于有一定减水作用的引气剂，由于降低了水灰比，使砂浆强度得到一定补偿。因此，使用引气剂时，要严格控制其掺量，以达到最佳效果。

另外，大量气泡的存在，使砂浆的弹性变形增大，弹性模量有所降低。

11. 干混砂浆的储存期为什么有 3 个月和 6 个月之分？

水泥的质保期是 3 个月，而普通干混砂浆大多以水泥为胶凝材料，故普通干混砂浆的储存期也规定为 3 个月。而含有有机胶凝材料的特种干混砂浆的储存期可延长到 6 个月。一些试验结果显示，干混砂浆的强度随储存期的延长而略有下降。因此，砂浆在储存及运输过程中应特别注意防潮，以保证砂浆的质量。如果使用时已经超过存储期限，一定要进行强度检测，方可使用。

12. 砌筑砂浆的保水性为什么需要控制？

标准对保水率的规定为大于 88％。砌筑砂浆保水率的主要作用是保证砂浆在凝结硬化前不被基层材料吸收掉过多的水分，不会因失水过快而导致砂浆中水泥没有足够水分进行水化，以免降低砂浆本身强度和砂浆与块材的粘结强度。但是如果砂浆保水性太好，水分不易被块材吸收，也会影响水泥浆与块材的粘结，并将延长砂浆的凝结时间，从而影响砌筑速度，并增加施工难度。需要注意的是，保水率应随基材的变化而进行调节。例如，若采用保水率为 80％ 的砌筑砂浆砌筑蒸压灰砂砖，由于砂浆保水率低，砂浆的水分容易被灰砂砖吸收，造成灰缝中水泥水化所需水分严重不足，使得水泥水化不能正常进行，降低了砂浆真实强度和砂浆与灰砂砖的粘结强度，这也是用传统砂浆砌筑灰砂砖易造成砌体开裂的原因之一。另外，保水率也会影响砂浆开放时间。如果保水率不够，也会产生表皮干硬问题，影响使用。

13. 新型墙体材料对砌筑砂浆的要求有哪些不同？

砌体按块材可分为砖砌体、混凝土小型空心砌块砌体和石材砌体，按类型可分为配筋砌体和填充墙砌体。

砖分为烧结砖和非烧结砖。烧结砖又分为普通烧结砖、多孔烧结砖。非烧结砖分为蒸压灰砂砖、蒸压粉煤灰砖和混凝土砖。烧结砖的孔结构为开通的，非烧结砖的孔结构为闭合的。蒸压灰砂砖和蒸压粉煤灰砖的表面较光滑。

近年来，我国逐步发展了页岩烧结砖，它采用破碎页岩替代黏土，在我国一些地区开始逐步使用。对于烧结砖砌筑前应浇水湿润，做到表面阴干，水浸入砖表面内 10mm。湿拌砂浆砌筑时稠度控制在 70～90mm，分层度可控制在 30mm 以内。

对于非烧结砖，蒸压灰砂砖和蒸压粉煤灰砖表面光滑，吸水率大，吸水速度慢。如果采用砌筑烧结砖的砂浆砌筑会产生灰缝不饱满，砌体抗剪强度低的问题。对此,《砌体结构设计规范》(GB 50003—2011)规定其砌体抗剪强度比烧结砖砌体的抗剪强度低30%。用湿拌砌筑砂浆砌筑蒸压灰砂砖和蒸压粉煤灰砖时,砖不得过度浇水,砂浆稠度应控制在60~80mm,分层度应控制在15mm以内,保水率控制在90%以上。砂浆中保水增稠材料比率应增大,并适当提高粉状材料比率。采用专用砂浆砌筑的砌体抗剪强度已等同于烧结砖砌体的抗剪强度。

混凝土小砌块的块体尺寸较大,铺浆面积小,竖缝高,吸水率低。如果采用普通砌筑砂浆砌筑,砂浆的抗剪强度低,竖向灰缝饱满度差,砌体易产生"渗漏裂"等质量通病。因此,砂浆的稠度应降低,控制在50~70mm,分层度应控制在20mm以内,砂浆的黏聚性和触变性要好,砂浆在砌筑时要牢固地粘附在砌块侧壁。对此,在砂浆配合比设计时,应掺加掺合料和保水增稠材料,可适当添加机制砂,以增强砂浆的黏聚性。

对于蒸压加气混凝土砌块,由于块体尺寸较大,铺浆面积大,竖缝高,吸水率大,吸水速度慢。如果采用普通砌筑砂浆砌筑,砂浆的抗剪强度低,竖向灰缝饱满度差,砌体易产生"渗漏裂"等质量通病。因此应采用保水性好、黏稠的砂浆。

对于四川地区采用的多孔砖,由于砖表面较为光滑,砖体吸水率较低,建议在使用中不但要考虑保水率的要求,还应从砂浆黏聚力角度进行思考。

14. 加入聚丙烯纤维对保温砂浆有影响吗?

纤维主要起增加砂浆韧性、提高抗裂和抗冲击性能的作用。随着聚丙烯纤维掺量的增加,压折比明显降低,保温砂浆的韧性、抗裂和抗冲击性能由于砂浆中纤维网络的连接作用得到了较大改善。

2.3 抹灰砂浆应用常见问题解析

1. 对抹灰砂浆的技术要求有哪些?

对抹灰砂浆的技术要求有:

(1)目前我国的抹灰砂浆多为人工抹灰,要求满足砂浆施工性是第一位的,因其对劳动强度有很大影响,技术指标上体现为稠度的指标范围。

(2)抹灰层厚度与施工水平有关,一般在20mm左右,分两遍施工。在底层抹灰"落水"之后,进行第二遍抹灰是当前使用较多的工法,这就对于砂浆的凝结时间提出了相应的要求。

(3)国家标准《建筑装饰装修工程质量验收标准》(GB 50210—2018)中规

定，"外墙和顶棚的抹灰层与基层之间及各抹灰层之间必须粘结牢固""抹灰层与基层之间及各抹灰层之间必须粘结牢固，抹灰层应无脱层、空鼓，面层应无爆灰和裂缝。"可见，粘结强度是抹灰砂浆的一项重要指标。《预拌砂浆》（GB/T 25181—2019）提出了抹灰砂浆的粘结强度要求，并给出具体的技术指标，详见表2-6；外保温抹面砂浆的质量要求见表2-7。

表2-6　抹灰砂浆的性能指标

砂浆品种	强度等级	稠度/mm	凝结时间/h	保水性/%	14d 拉伸粘结强度/MPa	
					M5	M10、M15、M20
湿拌抹灰砂浆	M5、M10、M15、M20	70、90、110	≥8、≥12、≥24	≥88	≥0.15	≥0.20
干混抹灰砂浆	M5、M10、M15、M20	—	3～8	≥88	≥0.15	≥0.20

表2-7　外保温抹面砂浆性能指标

项目		性能指标
拉伸粘结强度/MPa（与膨胀聚苯板）	未处理	≥0.10，破坏界面在膨胀聚苯板上
	浸水处理	≥0.10，破坏界面在膨胀聚苯板上
	冻融循环处理	≥0.10，破坏界面在膨胀聚苯板上
抗压强度、抗折强度/MPa		≤3.0
可操作时间/h		1.5～4.0

2. 湿拌抹灰砂浆的稠度为什么会发生变化?

湿拌砂浆稠度有出机稠度、卸料稠度和使用稠度之分。出机稠度是指刚从搅拌机卸料到运输车时砂浆的稠度，卸料稠度是指运输车在施工现场卸料到储灰池时砂浆的稠度，使用稠度是指砂浆在施工时的实际稠度。出机稠度＞卸料稠度＞使用稠度。它受运输的正常与否、运输距离长短、交通状况、天气条件等因素影响，出机稠度一般比使用稠度大10～15mm。使用稠度则受天气、储存时间和密封程度等因素的影响。储存时间长，砂浆稠度损失大，气温高，稠度损失也大；灰池密封差，水分蒸发多，砂浆稠度损失也大（如果采用专用储存罐，该问题可忽略）。需要注意的是，湿拌抹灰砂浆的使用稠度由基层材料、施工方法和天气条件决定。基层材料吸水率高，需砂浆稠度大；手工操作的砂浆稠度略大于机喷的；夏季施工时，气温高，水分蒸发快，同时由于稠度受外加剂影响较大，砂浆稠度就应高于冬季的砂浆稠度。湿拌抹灰砂浆的稠度可参照表2-8选用。

表 2-8　湿拌抹灰砂浆稠度选用表

基层材料	湿拌抹灰砂浆稠度/mm
烧结制品、蒸压制品	95～110
混凝土小砌块	80～100
混凝土	75～95

3. 加气块用薄层抹灰砂浆有哪些不同？

薄层抹灰层的厚度一般在 3～5mm，最大不超过 8mm。薄层抹灰厚度薄，对砂浆的要求与普通抹灰砂浆的区别有：

（1）薄层抹灰厚度仅 3mm，它对保水性要求非常高，要确保砂浆内水分不被基层吸收或向大气蒸发，一般要求保水性在 99％以上。

（2）薄层抹灰砂浆要求集料粒径较小，一般不超过 1mm，以保证使用时的可抹性和工程质量。

（3）薄层抹灰砂浆应加入聚合物胶凝材料增加内聚力。

（4）薄层抹灰砂浆还应有一定的抗裂性。

在薄层抹灰砂浆使用中，还需要关注面层的情况，避免由于面层质量问题引起起壳、脱粉等问题。

4. 为什么在施工后抹灰层出现空鼓、开裂与脱落的质量问题？

抹灰层的返修是建筑工程进度减慢的主要问题之一，也是容易出现纠纷的地方。

（1）基体表面尘埃及疏松物、脱模剂和油渍等影响抹灰粘结牢固的物质未彻底清除干净。

（2）基体表面过于光滑，未做拍浆拉毛处理。

（3）抹灰前基体表面浇水不透，抹灰后砂浆中的水分很快被基体吸收，使砂浆中的水泥未充分水化，影响砂浆粘结力。

（4）选用强度等级过高的抹灰砂浆。

（5）一次抹灰过厚，或者施工时过度挤压，在终凝时扰动抹灰层。

（6）使用落地灰，二次加水过多。

2.4　地面砂浆应用常见问题解析

1. 对耐磨地坪砂浆的技术要求有哪些？

耐磨地坪施工时，骨料的加入方法特殊，要求骨料的粘结力大，不能出现脱砂等问题，以免影响耐磨度。另外，由于耐磨地坪的表面强度高，对与砂浆的配比也有一定的要求。

对耐磨地坪砂浆的技术要求见表 2-9。

表 2-9　耐磨地坪砂浆技术要求

项目	性能指标	
	Ⅰ 型	Ⅱ 型
骨料含量偏差	生产商控制指标的 ±5%	
28d 抗压强度/MPa	≥80.0	≥90.0
28d 抗折强度/MPa	≥10.5	≥13.5
耐磨度比/%	≥300	≥350
表面强度（压痕直径）/mm	≤3.30	≤3.10
颜色（与标准样比）	近似～微	

1. "近似"表示用肉眼基本看不出色差，"微"表示用肉眼看似乎有点色差。
2. Ⅰ型为非金属氧化物骨料耐磨地坪砂浆；Ⅱ型为金属氧化物骨料或金属骨料耐磨地坪砂浆。

　　注：摘自《混凝土地面用水泥基耐磨材料》（JC/T 906—2002）。

2. 耐磨地坪砂浆的施工工艺有哪些？

耐磨地坪砂浆一般有三种施工方法：干撒法、湿撒法和湿抹法。目前工程上应用最为广泛的是干撒法，施工工艺最为简单，只需在新鲜混凝土面层上干撒一层地坪砂浆即可，现场不需搅拌设备。干撒法是在基层混凝土的初凝阶段，将粉体材料分两次撒播在基层混凝土的表面，然后用专业机械施工，使其与基层混凝土形成一个整体，成为具有较高致密性及着色性能的高性能耐磨地面。下面简单介绍干撒法的施工工艺。

（1）施工设备

两用抹光机（或专用提浆机＋专用抹光机）、木抹子、铁抹子、挑板等。

（2）施工工艺

施工工艺流程如下：

找平混凝土施工→干撒耐磨料→用抹光机提浆→用抹光机抹光→养护。

① 找平混凝土施工

基层找平混凝土的质量相当重要，一般用 C30 商品混凝土（含气量要严格控制），施工时混凝土一定要振实（尤其是边角部位），面层不得有积水。面层的平整度直接影响耐磨料的单位面积使用量和成活后面层的美观，因此，要用长刮杠仔细刮平。

当基层找平混凝土厚度较小（但应在 40mm 以上）时，应使用豆石（或细石）混凝土，且其下底基层上应涂刷混凝土专用界面剂。

② 干撒耐磨料

耐磨料一般分两遍布撒，第一遍约为总量的 2/3，应在基层找平混凝土的初凝阶段布撒（不得抛撒，以免骨料分离出来）。布撒时间可根据使用环境和布撒量等情况酌情稍早或稍晚，一般耐磨料用量大或气温高、湿度低时，布撒时间提前一些，但不能过早或过晚。过早了浪费耐磨料（且可能形成上硬下软的情况），过晚了易形成两层皮，以至空鼓、开裂等。布撒第二遍耐磨料主要是针对第一遍情况进行补撒。

③ 提浆

耐磨料布撒完毕后，应先在边角等抹光机不易操作处，人工用木抹子将耐磨料反复揉搓、提浆，然后用铁抹子抹平。

待大面上耐磨料全部吸湿变色后，用抹光机进行提浆（底下用大盘）。提浆机转速应慢一些，防止由于提浆过快造成抹光的面层缺陷，如坑点的出现。

④ 抹光

提浆完毕后用抹光机分别进行第一遍和第二遍抹光，抹光速度视现场具体情况而定。

⑤ 养护

抹光完毕 4~8h 后即可进行养护，目前多用罩面剂来完成。

3. 地面砂浆施工后如何进行养护？

地面砂浆施工后的养护需要注意以下几点：

（1）水泥砂浆地面施工完成后应进行适当养护。一般 1d 后进行洒水养护，或用草帘子等覆盖后洒水养护，养护时间不应少于 7d。

（2）养护期间，由于面层强度较低，应禁止人员走动或进行下一道工序作业，以免对刚硬化的表面造成损伤和破坏，导致砂浆表面起砂、起灰，降低面层强度和耐久性。地面面层砂浆强度达到 5MPa 以上时，方可在其上面行走或进行其他作业。

（3）养护期间应关注环境温度、湿度变化，随时调整。

4. 彩色耐磨地坪彩砂撒布有哪些注意事项？

（1）按规定量 2/3 均匀撒布于初凝表层。

（2）待耐磨地坪材料吸收一定水分后，进行机械作业。

（3）待初凝到一定阶段后，再撒剩余 1/3 料。

5. 地面砂浆施工有什么注意事项？

（1）施工基层做界面处理，不得在明水松动地面上施工。

（2）优先选用普通硅酸盐水泥（建议使用出厂 1 个月之内的产品），砂浆配合比设计合理。砂应选用中粗砂，且控制含泥量不超过 2%。

（3）铺设面积较大的地面面层时，应采取分段、分块措施，并根据开间大小，设置适当的纵、横向缩缝，以消除杂乱的施工缝和温度裂缝。

（4）抹压应分二遍进行，初凝前进行抹平，终凝前进行压实、压光，以消除早期收缩裂缝；同时要掌握好压光时间，过早压不实，过晚压不平，不出亮光。

6. 石膏基自流材料为什么出现脱粉？

（1）从原材料出发，如果石膏中水分过多，强度不够，会造成此类问题。

（2）配比不合理，出现了过度缓凝。

（3）施工过程中加水过多，造成泌水问题。

2.5　粘结砂浆应用常见问题解析

1. 贴瓷砖完成 2 个月后出现空鼓，如何预防？

（1）铺贴过程中，在开放时间之后调整了砖的位置，粘结力受到影响；

（2）没有采用正确的铺贴方法（比如：没有使用镘刀法），没有将粘接层空气排除；

（3）没有选择正确的瓷砖胶。

2. 粘贴无机防火板的砂浆有什么不同？

（1）需要考虑砂浆的初黏性，因为无机防火板的质量较大；

（2）因为粘贴工艺特殊性，需要调整可操作时间和保水性。

3. 如果粘结砂浆中不得不使用机制砂，为什么要严格控制石粉用量？

（1）石粉增加了固体总比表面积，增加了浆体需求量。

（2）石粉会缩短粘结砂浆可工作时间，给施工带来不便。

2.6　自流平地坪砂浆应用常见问题解析

1. 为什么水泥基自流平地坪砂浆需要辊筒滚压？

水泥基自流平地坪砂浆不同于液体，不可能绝对平整，推赶过程中会有一定的凹凸，需要依靠辊筒的压力。如果缺少这一步，很容易导致地面局部不平，以及后期局部的小块空鼓等问题。

2. 水泥基自流平地坪砂浆空鼓、开裂有哪些原因?

（1）基层问题，如果地面起砂、强度差，产生粘结失效空鼓，经重压产生裂纹。

（2）施工中过量加水，或界面剂使用不当造成失水过快，水泥不能充分水化也容易产生问题。

（3）施工厚度过大，自流平地坪砂浆开裂风险增大。

3. 如何进行水泥基自流平砂浆成品养护?

自流平砂浆风干很快，一般在施工后 8～24h 内即可彻底干透（风干速度受温度、湿度和通风情况影响）。为确保自流平砂浆彻底干透，建议施工三天后再进行下一步施工。

4. 如果自流平砂浆应用于地下室或一楼，应该如何进行施工?

如果自流平砂浆应用于地下室或一楼需要注意以下两点：

（1）需要提前使空间保持自然通风，必要时可以使用辅助加热，使地面快速风干，要求地面含水量≤6%。

（2）对于基面上污渍、鼓包，需要进行打磨清理，有裂缝的位置要提前修补好。

2.7　饰面砂浆应用常见问题解析

1. 真石漆中使用腻子和一般涂料中使用腻子有什么区别?

（1）真石漆中可以采用深色腻子，而一般涂料中采用白色或微黄色等浅色系腻子。

（2）由于真石漆本身具有一定找平功能，对其平整度的要求比较低。

（3）真石漆中一般采用含砂体系，一方面能提高腻子强度，另一方面可提升美纹纸粘贴抗带底的能力。

2. 为什么对涂料底层腻子有打磨的要求?

如果对涂料底层腻子不打磨，腻子施工的接茬部位容易产生处理不了的不平整，另外也会产生涂料上墙后哑光和高光效果，影响墙面观感。

3. 饰面砂浆的人工施工工艺如何?

（1）采用适当的方法对基层进行处理，使基层平整坚固、无油污及其他松散物，有裂缝的地方需修补完毕后才能施工。对于特殊部位需要做防护处理。

（2）在处理好的基层上，涂 1～2 遍专用界面剂，以封闭基材吸水通道，使饰面砂浆表面质感效果更好。

（3）按推荐的用水量加水搅拌饰面砂浆。先搅拌 3min，静置 10min 左右，让砂浆熟化，再稍微搅拌即可使用（尽量一次性打平整）。

（4）用钢制抹刀将砂浆均匀涂抹到墙上，涂抹厚度不小于砂浆中骨料的最大粒径。

（5）如果需要压花、拓印、拉毛等效果，需使用专用工具。

（6）待砂浆硬化干燥后，在砂浆表面涂刷 2 遍封闭底漆，进行罩面处理。

4. 内墙腻子粉脱粉的原因有哪些？

（1）最后一道收光时表面已经干燥，用刮刀干刮墙面会引起表面起皮现象，导致干燥后脱粉。

（2）批刮厚度太薄，水分挥发过快，造成胶粘剂体系破坏。

（3）吸潮，或使用过期产品。

（4）基层过于干燥，吸水率过大。

（5）墙体湿度大，腻子层表面干而实则不干，手搓掉粉。

2.8　修补砂浆应用常见问题解析

1. 对箱梁桥面修补砂浆的要求有哪些？

（1）超早强 2h 抗压强度高于 20MPa。

（2）高流动性，同时要求 30min 后流动度无损失。

（3）粘结强度高于 2.5MPa。

（4）设计使用寿命长达 100 年。

2. 聚合物改性修补砂浆有哪些优点？

对表面严重磨耗的砂浆路面，目前主要采用整板拆除重建、用沥青砂浆罩面及环氧砂浆罩面法进行修补。整板拆除重建法费工耗时，中断交通时间长；沥青罩面使用寿命短；环氧砂浆罩面因上下层变形不同步且易老化、起壳剥落；普通水泥砂浆因粘结不牢会很快起壳剥落。而聚合物修补砂浆对基础面有较好的粘结性，同时修补后可以较快恢复通行。

2.9　石膏基砂浆应用常见问题解析

1. 为什么抹灰石膏干硬后出现粉化"斑点"？

在抹灰石膏未完全水化之前，会出现缺水现象。基层吸水过强、过干，抹灰石膏浆体干燥过快，这样未水化或未完全水化部分的石膏则以惰性粉末形态存在于抹面层，从而产生大小不一的"干态缺陷"。

2. 做完压折试验的压折条放置一段时间后，为什么出现"白色盐"？

由于石膏浆体中存在大量可溶盐，在自由水蒸发后，这些盐沉积于压折条表面上并呈现出来。当石膏表面孔隙率低时，还可能形成透明玻璃体。

3. 嵌缝石膏中为什么要加入可再分散性乳胶粉？

可再分散性乳胶粉散于石膏浆体中，硬化后形成可起到填充和链接作用的胶膜，与交错搭接的石膏晶体形成互穿网络结构体，从而提升了硬化嵌缝石膏的粘结强度和薄层批刮的不脱粉性。

4. 为什么面层石膏抹面用不同比例的拌合水拌和常常开裂？

由于使用不同比例的拌合水，将能在面层抹面之间产生膨胀率，产生了不同体积增长率，会造成面层开裂。

5. 用什么方法可以加快建筑石膏水化？

（1）提高半水石膏的溶解度，使它大于二水石膏的溶解度。

（2）增加二水石膏晶核数量。

（3）加入一定量的无机酸及其盐。

6. 石膏外加剂选择注意事项有哪些？

（1）石膏粉在使用前必须做好质量检测。

（2）进场的外加剂都应做好基础测试。

（3）所有外加剂根据设计配方做试验。

（4）配方中试要进行全方位的标准测试。

（5）验证外加剂有无副作用。

7. 石膏缓凝剂作用机理有哪些？

（1）降低半水石膏的溶解度。

（2）延缓半水石膏的溶解速率。

（3）缓凝作用离子吸附于半水石膏晶体表面，并把这些离子结合到晶格内。

（4）缓凝剂与石膏中离子形成络合物，限制离子向半水石膏晶体附近扩散。

8. 石膏自流平适用性材料的要求有哪些？

（1）用水量有一定宽泛性。

（2）浸润性好，能够快速分散。

（3）强度高。

（4）流动性好，不易泌水。

（5）颜色均一，不发花，无色差。

（6）凝结时间稳定。

9. 发泡石膏找平后，可以上面再做石膏自流平吗？

为了节省材料，用石膏发泡作基层，表面做 5～10mm 表面石膏自流平罩面处理的方法是不可取的。因为石膏发泡工艺难以掌控，发泡后体系中水分无法排除，时间长了会使发泡层软画面失去了强度，水分上移，表面出现不干燥的现象，地面成了"定时炸弹"。

10. 不同品种、不同批次、不同规格的自流平砂浆能混合使用吗？

不可以混合使用，原因为以下两点：

（1）使用过程中需水量难以把握。

（2）施工可操作时间不稳定，会因为产品强度不一等问题造成空鼓、开裂。

11. 纤维素醚对石膏基内保温浆料的作用是什么？

纤维素醚是起增稠保水作用的外加剂，可防止砂浆离析，从而获得均匀一致的可塑体。根据试验结果，纤维素醚掺量为 0.6％时，即可使保温砂浆拌合物的保水性从不掺时的 64％上升至 98％，保水效果十分明显。由于纤维素醚有引气稳泡的作用，随着纤维素醚掺量的增加，保温砂浆的干密度明显降低。当纤维素醚掺量达到 1％后，保温砂浆的干密度变化趋于平缓，影响弱化。另一方面，由于拌合物黏性随纤维素醚掺量增大而增加，浆体内引入的大量气体难以排出，导致硬化后的保温砂浆结构疏松，从而降低了剪切粘结强度。

12. 为何要控制建筑石膏中的 AⅢ？如果不控制，抹灰石膏产品会出现哪些问题？

如果建筑石膏中含大量 AⅢ，除了容易引起抹灰石膏开裂外，还会给抹灰石膏的生产，特别是缓凝剂添加量的确定带来困难。由于 AⅢ的促凝作用以及活跃的性质，如果直接使用含有大量 AⅢ的石膏生产，通常会使生产出来的抹灰石膏随着存放时间的延长，抹灰石膏的凝结时间也会延长，甚至长时间不凝固。

13. 为何需要控制发泡石膏中加入泡沫的量？

泡沫按聚集状态可分为液多气少的"气泡分散体"（稀泡）和气多液少的"浓泡"。稀泡的气泡分散体在气泡之间含有大量水分，流动性很强，看起来像乳汁，不符合泡沫混凝土的技术要求，制成的发泡石膏的浆料很稀，所生产的发泡石膏硬化体强度低、连通孔多，气孔率低，是一种劣质泡沫。气多液少的泡沫，才能生产出优质的发泡石膏。这种泡沫可以堆得很高，外观像海绵。好的发泡实际使用的就是这种海绵状泡沫，而不是乳状泡沫。

2.10 加气混凝土墙体专用砂浆应用常见问题解析

1. 蒸压加气混凝土砌块的优点是什么?

(1) 轻质

蒸压加气混凝土的孔隙率一般为 70%~80%,表观密度一般为 300~800kg/m³,比普通混凝土轻 2/3~7/8,可以使建筑物达到轻量化要求。

(2) 强度高

以表观密度为 500~700kg/m³ 的制品来说,强度一般为 2.5~7.5MPa,具备了作为结构材料的必要强度条件。蒸压加气混凝土的徐变系数(0.8~1.2)比普通混凝土(1~4)小,所以在同样受力状态下,其徐变比普通混凝土要小。

(3) 耐火性好

蒸压加气混凝土是不燃材料,符合当前建筑防火要求。

(4) 保温隔热性能好

蒸压加气混凝土具有优良的隔热保温性能,其热导率一般为 0.105~0.267W/(m·K)。

(5) 易加工

蒸压加气混凝土砌块可锯、可刨、可切、可钉、可钻,能满足施工过程中物件变化的要求。

(6) 干缩性能可满足建筑要求

蒸压加气混凝土砌块的干燥收缩标准值为不大于 0.5mm/m [温度(20±2)℃,相对湿度 43%±2%],如果含水率降低,干燥收缩值也相应减少。所以只要控制上墙含水率在 15% 以下,砌体的收缩值就能满足建筑要求。

(7) 施工效率高

在同样质量条件下,蒸压加气混凝土砌块块型大,施工速度快。

2. 加气混凝土砌块采用专用的砌筑砂浆和抹面砂浆的特殊要求有哪些?

加气混凝土砌块采用的砌筑砂浆和抹面砂浆,首先保水性要好,主要保证砂浆在硬化前水分能保证在理论完全水化用水量(水泥质量 20%)的范围内,如果使用石膏砂浆,石膏水化用水量是 18.6%;其次要有较高的黏性,砂浆与砌块能很好地粘结成一个整体,以保证砌体的质量。建材行业标准《蒸压加气混凝土墙体专用砂浆》(JC/T 890—2017)对薄层砌筑砂浆和抹灰砂浆的性能做了表 2-10 的规定。

表 2-10　蒸压加气混凝土墙体专用砂浆的性能指标

项目		性能指标				
		薄层砌筑砂浆		抹灰砂浆		
外观		产品应均匀、无结块		产品应均匀、无结块		
强度	强度等级	M5.0	M10	M5.0	M7.5	M10
	28d 抗压强度（MPa）	≥5.0	≥10.0	≥5.0	≥7.5	≥10.0
保水率（%）		≥99.0		≥99.0		
14d 拉伸粘结强度（与蒸压加气混凝土粘结）（MPa）		≥0.3	≥0.4	≥0.25	≥0.3	≥0.4
收缩率（%）		≤0.2		≤0.2		
抗冻性	强度损失率（%）	≤25		≤25		
	质量损失率（%）	≤5		≤5		

2.11　工程方面常见问题解析

1. 温度高对于抹灰石膏施工工程质量有何影响？

（1）水分蒸发加快了单位失水量，增大引起塑性收缩。

（2）温度升高延长了抹灰石膏凝结时间，加快了塑性阶段失水量，增加了塑性收缩，实际施工过程中应避免高温施工。

2. 砌筑砂浆试块强度是如何验收的？

砂浆强度是以标准养护、龄期为 28d 的试块抗压试验结果为依据。砌筑砂浆试块强度验收时其强度合格标准必须符合以下规定：

同一验收批砌筑砂浆试块抗压强度平均值必须大于或等于设计强度等级所对应的立方体抗压强度；同一验收砌筑批砂浆试块抗压强度的最小一组平均值必须大于或等于设计强度等级所对应的立方体抗压强度的 0.75 倍。

砌筑砂浆的验收，同一类型、强度等级的砌筑砂浆试块应不少于 3 组。当同一验收批只有一组试块时，该组试块抗压强度的平均值必须大于或等于设计强度等级所对应的立方体抗压强度。

抽检数量：每一检验批且不超过 250m³ 砌体的各种类型及强度等级的砌筑砂浆，每台搅拌机应至少抽检一次。

检验方法：在砂浆搅拌机出料口随机取样制作砂浆试块，且同盘砂浆只制作一组试块，最后检查试块强度试验报告单。

3. 水泥自流平工程承包费用如何计算？

（1）现场勘察根据基层处理方法，估算费用。

（2）按 1.7kg/mm/m² 标准用材料量乘以施工厚度得到材料用量（建议多计算出 3%～5%）。

（3）报价组成为：基层处理费＋界面剂（约 1 元/m²）＋材料用量＋施工人工费＋管理费＋工程税金。

4. 石膏自流平施工的质量标准和规范有哪些？

《石膏基自流平砂浆应用技术规程》（T/CECS 847—2021）和《石膏基自流平砂浆》（T/CBMF 82—2020）。

5. 砌体临时间断处为何要设置留槎？

除设置构造柱的部位外，砌体的转角处和交接处应同时砌筑。对不能同时砌筑而又必须留置的临时间断处，应砌成斜槎，不允许采用留直槎的连接形式，以保证砌体的整体性。为施工方便并控制新砌砌体的变形和倒塌，限定临时间断处的高度差不得超过一步脚手架的高度。

为确保接槎处砌体的整体性和美观，砌体接槎时，必须将接槎处的表面清理干净，浇水湿润并填实砂浆，保持灰缝平直。

6. 对小砌块砌体灰缝的砂浆饱满度的要求有何意义？

对小砌块砌体施工时砂浆饱满度的要求比砖砌体的要严的原因有以下几点：

（1）小砌块壁较薄，肋较窄，应要求更严些。

（2）砂浆饱满度对砌体强度及墙体整体性影响较大，其中抗剪强度较低又是小砌块砌体的一个弱点。

（3）考虑建筑物使用功能（如防渗漏）的需要。

7. 修补砂浆施工要点是什么？

（1）施工前清理基层，将砂石、浮土彻底清理。

（2）用高压水枪冲洗，无明水后做界面处理（防止气泡，增加界面粘结力，防止空鼓）。

（3）按要求加入适量水，充分搅拌均匀。

（4）根据修补原理确定施工次数。

（5）养护。

8. 冬期施工的注意事项有哪些？

当室外日平均气温连续 5d 稳定低于 5℃时，即进入冬期施工，砌体工程应采取相应的冬期施工措施，并按冬期施工有关规定进行，以防砌体受冻，降低强度。除冬期施工期限以外，当日最低气温低于 0℃时，也应采取冬期施工措施。《建筑工程冬期施工规程》（JGJ/T 104—2011）的有关规定。

9. 冬期施工如何留置砂浆试块？

由于冬期气温低，此时施工对砂浆强度影响较大，需留置与砌体同条件养护的砂浆试块，以获得砌体中砂浆在自然养护期间的强度，确保砌体工程结构安全可靠。

冬期施工，除按常温规定留置砂浆试块外，还要增留不少于1组与砌体同条件养护的砂浆试块，并测定其28d强度。

10. 抹灰工程的质量验收依据哪些标准？

抹灰工程的质量验收依据《建筑装饰装修工程质量验收标准》（GB 50210—2018），一般抹灰工程分为普通抹灰和高级抹灰，当设计无要求时按普通抹灰验收。

11. 1吨轻质抹灰石膏能做出多少平方米的面层找平？

一般以找平层厚度为1cm作为计算基础数据，方法如下：

（1）计算1kg轻质抹灰石膏湿砂浆总质量（加水量以达到标准稠度计算）。

（2）测出湿石膏砂浆的密度，根据质量＝密度×体积，得出相应数据。

例如：轻质抹灰石膏加水量为65%，湿砂浆密度为1080kg/m³，那么1cm厚度的测算为（1000kg＋650kg）/1080kg/m³＝1.53m³，则表示1吨轻质抹灰石膏做1cm厚度找平层的面积为153m²，也称160型。

3 预拌砂浆生产线介绍

3.1 干混砂浆生产线设备

干混砂浆是由水泥、干燥集料或粉料、添加剂以及根据性能确定的其他组分，按一定比例，在专业生产厂经计量、混合而成的混合物，在使用地点按规定比例加水或配套组分拌和使用。

干混砂浆生产线按产品种类分为普通干粉砂浆生产线和特种砂浆生产线。

3.1.1 普通干粉砂浆生产线

普通干粉砂浆生产线主要生产产品为砌筑砂浆、抹灰砂浆及地面砂浆。

设备主要构成为湿砂烘干系统或者机制干砂系统、干砂输送系统（即斗式提升机）、干砂储存计量系统、粉料储存计量系统、粉状外加剂储存计量系统、混合搅拌机、除尘系统、成品暂存系统、散装接料系统、成品料储存系统、袋装包装系统及施工现场成品储存混料系统（即背罐）。

1. 普通干粉砂浆生产线布置形式

普通干粉砂浆生产线按设备布置的结构分为塔楼式普通干粉砂浆生产线、阶梯式普通干粉砂浆生产线和车间式干粉砂浆生产线。

（1）塔楼式普通干粉砂浆生产线

塔楼式适合大规模生产，生产品种多、效率高，生产能力可达到 200t/h，运行成本低，产量大，投资大，结构紧凑，占地面积较少，设备宏伟（图 3-1）。塔楼式普通干粉砂浆生产线主要技术参数见表 3-1。

（2）阶梯式普通干粉砂浆生产线

阶梯式干粉砂浆生产线（图 3-2）适合大规模生产，生产品种很多。效率较高，产量较大，投资较大，占地面积大。阶梯式普通干粉砂浆生产线主要技术参数见表 3-2。

图 3-1　塔楼式普通干粉砂浆生产线

表 3-1　塔楼式普通干粉砂浆生产线主要技术参数

设备型号	配套主机	整机功率/kW	理论生产率/（t/h）	占地面积/m²
TLSW2000	SW2000	200	40	300
TLSW3000	SW3000	240	50	450
TLSW4000	SW4000	400	70	500
TLSW6000	SW6000	650	90	700
TLSW8000	SW8000	700	110	700
TLSW10000	SW10000	800	130	700
TLDW2000	DW2000	200	40	300
TLDW3000	DW3000	240	50	450
TLDW4000	DW4000	400	80	500

图 3-2　阶梯式普通干粉砂浆生产线

表 3-2　阶梯式普通干粉砂浆生产线主要技术参数

设备型号	配套主机	整机功率/kW	理论生产率/（t/h）	占地面积/m²
JTSW2000	SW2000	200	30	400
JTSW3000	SW3000	240	40	550
JTSW4000	SW4000	400	60	600
JTSW6000	SW6000	600	80	700
JTSW8000	SW8000	750	100	800
JTSW10000	SW10000	700	120	800
JTDW2000	DW2000	200	30	400
JTDW3000	DW3000	240	40	550
JTDW6000	DW6000	800	80	700

（3）车间式普通干粉砂浆生产线

车间式普通干粉砂浆生产线（图 3-3）特点是投资少、占地少、产量低、生产品种多。可安装于标准工业厂房、简单灵活的干混砂浆产品的生产线。车间式普通干粉砂浆生产线主要技术参数见表 3-3。

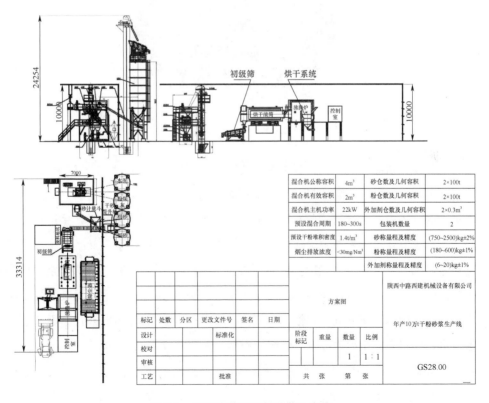

混合机公称容积	4m³	砂仓数及几何容积	2×100t
混合机有效容积	2m³	粉仓数及几何容积	2×100t
混合机主机功率	22kW	外加剂仓数及几何容积	2×0.3m³
预设混合周期	180~300s	包装机数量	2
预设干粉堆积密度	1.4t/m³	砂称程及精度	(750~2500)kg±2%
烟尘排放浓度	<30mg/Nm³	粉称程及精度	(180~600)kg±1%
		外加剂称量程及精度	(6~20)kg±1%

图 3-3　车间式普通干粉砂浆生产线

表 3-3　车间式普通干粉砂浆生产线主要技术参数

设备型号	配套主机	整机功率/kW	理论生产率/（t/h）	占地面积/m²
GSW500	SW500	120	10	200
GSW1000	SW1000	150	20	300
GSW2000	SW2000	200	40	400
GDW1200	DW1200	150	20	300
GDW2000	DW2000	200	40	400

2. 普通干粉砂浆生产线主要设备组成

（1）烘干设备

现阶段，市场主要的烘干设备结构为三筒烘干机（图 3-4）、双筒烘干机及单筒烘干机，其相对应的热效率为≥75%、≥55%及≥35%，在当今能源紧张的环境下，单、双筒因其低热效率已逐渐被市场淘汰；其燃烧物质形式可分为电、天然气、焦炉煤气、生物质颗粒、煤等。

图 3-4　三筒烘干机

三筒烘干机结构原理：物料由供料装置进入回转滚筒的内层，实现顺流烘干，物料在内层的抄板下不断抄起、散落呈螺旋行进式实现热交换，物料移动至内层的另一端进入中层，进行逆流烘干，物料在中层不断地被反复扬进，呈进两步退一步的行进方式，物料在中层既充分吸收内层滚筒散发的热量，又吸收中层滚筒的热量，同时又延长了干燥时间，物料在此达到最佳干燥状态。物料行至中层另一端而落入外层，物料在外层滚筒内呈矩形多回路方式行进，达到干燥效果的物料在热风作用下快速行进排出滚筒，没有达到干燥效果的湿物料因自重而不能快速行进，物料在此矩形抄板内进行充分干燥，由此完成干燥目的。

三筒烘干机是高效节能的烘干机设备，适合烘干黄沙、河沙、石英砂、矿渣、黏土等原材料，广泛应用于建材、化工、铸造等行业，其设备能烘干物料的特点为物料本身呈散状，不易堵塞。三筒烘干机技术参数见表 3-4。

表 3-4 三筒烘干机技术参数

规格/m	外筒直径/m	外筒长度/m	筒体容积/m³	筒体转速/(r/min)	最高进气温度/℃	生产能力/(t/h)	电机功率/kW
φ1.8×2	1.8	2	5.08			2~3	2.2×2
φ2.0×2	2	2	6.28			3~5	3×2
φ2.2×2.5	2.2	2.5	9.5			5~8	4×2
φ2.5×2.7	2.5	2.7	13.24			8~12	4×2
φ2.0×4.5	2	4.58	14.13			13~18	5.5×2
φ2.2×5	2.2	5	18.99	4~10	700~750	15~23	7.5×2
φ2.5×6	2.5	6	29.43			20~28	5.5×4
φ2.7×6.5	2.7	6.5	37.19			24~33	7.5×4
φ3.0×6.5	3.0	6.5	45.92			35~40	11×4
φ3.2×7	3.2	7	56.27			40~60	15×4
φ3.6×8	3.6	8	81.39			55~75	18.5×4
φ4.2×8	4.2	8	110.78			70~120	22×4

（2）制砂设备

普通干粉砂浆生产线采用的制砂生产线在制砂领域属于"干式制砂法"，其设备主要分为振动给料机、除铁器、高效制砂机、筛分设备、整形设备及选粉设备等，设备运行流程如图 3-5 所示。

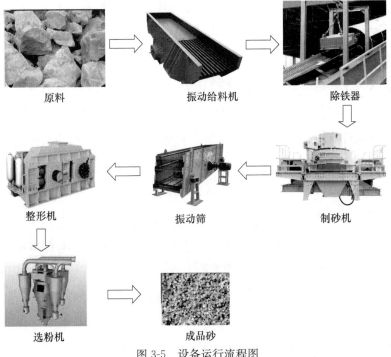

图 3-5 设备运行流程图

在制砂设备中最核心的设备就是制砂机（图 3-6），选用 VSI 制砂机是成熟的细碎技术与机械制造结合的典范，其特别的转子结构设计、耐磨材料工艺、破碎速度优化和液压设计，能够为高速公路、高速铁路、高层建筑、市政建设、水电大坝建设、普通干粉砂浆搅拌站提供品质良好的砂石集料，是人工制砂和石料整形领域的理想设备。

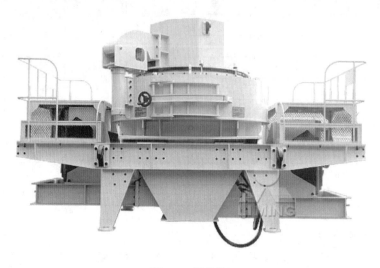

图 3-6　制砂机

制砂机工作原理。全中心进料：物料落入制砂机进料斗，经中心进料孔进入高速旋转的甩轮，在甩轮内被迅速加速，其加速度可达数十倍重力加速度，然后高速从甩轮内抛出，首先与反弹后自由下落的另一部分物料进行撞击，然后一起冲击到物料衬层（石打石）或反击块（石打铁）上，被反弹斜向上冲击到涡流腔的顶部，又改变其运动方向，偏转向下运动，又与从叶轮流道发射出来的物料撞击形成连续的物料幕。这样，一块物料在涡流破碎腔内受到两次至多次概率撞击、摩擦和研磨破碎作用，被破碎的物料由下部排料口排出；中心进料伴随环形瀑落进料：物料落入制砂机进料斗，再经环形孔落下，被分料板分成两股料，一股经分料盘进入高速旋转的甩轮，另一股从分料盘四周落下。进入甩轮的物料，在甩轮内被迅速加速，其加速度可达数十倍重力加速度，然后高速从甩轮内抛出，首先同由分料器四周自由落体的另一部分物料冲击破碎，然后一起冲击到涡流腔内涡流衬层上，被物料衬层反弹，斜向上冲击到涡流腔的顶部，又改变其运动方向，偏转向下运动，又与从叶轮流道发射出来的物料撞击形成连续的物料幕。这样，一块物料在涡流破碎腔内受到两次至多次概率撞击、摩擦和研磨破碎作用，被破碎的物料由下部排料口排出。制砂机主要技术参数见表 3-5。

表 3-5 制砂机主要技术参数

| 型号 | 处理能力/（t/h） | | 最佳入料尺寸/mm | | 转速/（r/min） | 双电机功率/kW | 外形尺寸（$L \times W \times H$）/mm | 质量 |
	瀑落与中心进料	全中心进料	软料	硬料				
VSI7611	120～180	60～90	35	30	1700～1890	110	3700×2150×2100	11.8
VSI8518	200～260	100～130	40	35	1520～1690	180	4140×2280×2425	14.5
VSI9526	300～380	150～190	45	40	1360～1510	264	4560×2447×2778	17.8
VSI1140	450～520	220～260	50	45	1180～1310	400	5000×2700×3300	25.6

（3）斗式提升机

斗式提升机是一种固定装置的机械输送设备，主要适用于粉状、颗粒状及小块物料的连续垂直提升，可广泛应用于各种规模的散装物料的提升。

斗式提升机的牵引构件有环链、板链和帆布皮带等几种。环链的结构和制造比较简单，与料斗的连接也很牢固，输送磨琢性大的物料时，链条的磨损较小，但其自重较大；板链结构比较牢固，自重较轻，适用于提升量大的提升机，但铰接接头易被磨损；胶带的结构比较简单，但不适宜输送磨琢性大的物料，普通胶带物料温度不超过 60℃，夹钢绳胶带允许物料温度达 80℃，耐热胶带允许物料温度达 120℃，环链、板链输送物料的温度可达 250℃。

斗式提升机工作原理：料斗把物料从尾节下面的储藏中舀起，随着输送带或链提升到顶部，绕过顶轮后向下翻转，斗式提升机将物料倾入接收槽内。皮带传动的斗式提升机的传动带一般采用橡胶带，装在下面或上面的传动滚筒和上、下面的改向滚筒上；链传动的斗式提升机一般装有两条平行的传动链，上面或下面有一对传动链轮，下面或上面是一对改向链轮。斗式提升机一般都装有机壳，以防止斗式提升机中粉尘飞扬。环链式斗提机（图 3-7）主要技术参数见表 3-6，板链式斗提机（图 3-8）主要技术参数见表 3-7，皮带式斗提机（图 3-9）主要技术参数见表 3-8。

表 3-6 环链式斗提机主要技术参数

| 提升机型号 | | TH315 | | TH400 | | TH500 | | TH630 | |
料斗型式		Zh	Sh	Zh	Sh	Zh	Sh	Zh	Sh
输送量/（m³/h）		35	59	58	94	73	118	114	185
料斗	斗容/L	3.75	6	5.9	9.5	9.3	15	14.6	23.6
	斗距/mm	512				688			
链条	圆钢直径×节距/mm	$\phi18 \times 64$				$\phi22 \times 86$			
	单条破断载荷/kN	≥320				≥480			
单位长度牵引件质量/（kg/m）		26.2	27.6	31.1	32.7	41.0	43.8	49.2	53.1
料斗运行速度/（m/s）		1.4				1.5			
传动链轮转数/（r/min）		42.5		37.6		35.8		31.8	
输送物料最大块度/mm		35		40		50		60	

表 3-7　板链式斗提机主要技术参数

型号	输送能力 / (m³/h)	斗速 / (m/s)	主轴转速 / (r/min)	物料粒度 /mm	料斗		
					斗容/L	斗宽/mm	斗距/mm
NE15	15	0.5	15.54	<40	2.5	250	203
NE30	32	0.5	16.45	<50	7.8	300	305
NE50	60	0.5	16.45	<50	15.7	300	305
NE100	110	0.5	14.13	<70	35	400	400
NE150	170	0.5	14.13	<70	52.2	600	400
NE200	210	0.5	10.9	<100	84.6	600	500
NE300	320	0.5	10.9	<100	127.5	600	500
NE400	380	0.5	8.3	<120	182.5	700	600
NE500	470	0.5	7.1	<120	260.9	700	700
NE600	600	0.5	7.1	<120	330.2	700	700
NE800	800	0.5	6.2	<140	501.8	800	800

表 3-8　皮带式斗提机主要技术参数

提升机型号	TD160		TD250		TD315		TD400		TD500		TD630	
料斗型式	Zd	Sd	Zd	Sd	Zd	Sd	Zd	Sd	Zd	Sd	Zd	Sd
输送量/ (m³/h)	9.6	16	23	35	25	40	41	66	58	90	89	142
斗宽/mm	160		250		315		400		500		630	
斗容/L	1.2	1.9	3.0	4.6	3.75	5.8	5.0	9.4	9.3	14.9	17	24
斗距/mm	350		450		500		560		625		710	
带宽/mm	200		300		400		500		600		700	
斗速/ (m/s)	1.4		1.6		1.6		1.8		1.8		2	
物料最大块/mm	25		35		45		55		60		70	

图 3-7　环链式斗提机结构

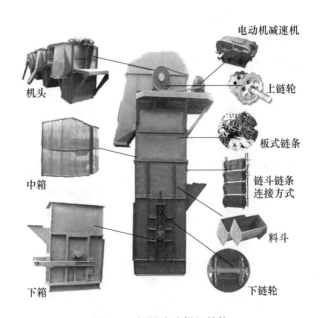

图 3-8　板链式斗提机结构

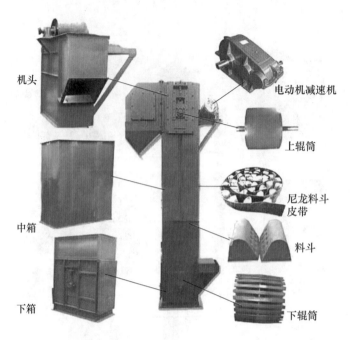

图 3-9　皮带式斗提机结构

（4）普通干粉砂浆搅拌主机

普通干粉砂浆搅拌主机采用流线型设计，搅拌臂与物料接触面积增大，并且两根轴上的叶片工作时呈对流状态，有效形成颗粒的剪切、扩散、对流混合机理，双轴无重力搅拌，防止物料离析，大大提高了搅拌效率，普通砂浆 30s 就可以将物料混合均匀达到 90% 以上。

主机卸料门采用密封性能优异的大倾角卸料装置，能够保证搅拌过程中无漏料、无搅拌死角，卸料过程无残余剩料，卸料门采用专利产品自动清灰装置，卸料时间短，大大提高了生产效率。

主机轴端密封采用气力密封，根据主机内的压力大小控制压力单向阀工作，当主机内压力大于外界压力时压力单向阀工作向主机内吹气，比传统的密封圈密封更加可靠，更能对主轴轴承起保护作用。双卧轴混合机（图 3-10）主要技术参数见表 3-9。

表 3-9　双卧轴混合机主要技术参数

设备型号	全容积/L	整机功率/kW	整机质量/kg	装载系数	飞刀数量/个
SW500	500	7.5	1000	≤0.7	4
SW1000	1000	11～15	2500	≤0.7	4
SW2000	2000	18.5～37	3500	≤0.7	4

续表

设备型号	全容积/L	整机功率/kW	整机质量/kg	装载系数	飞刀数量/个
SW3000	3000	37~45	4000	≤0.7	4
SW4000	4000	45~75	5000	≤0.7	4
SW6000	6000	75~100	6000	≤0.7	6
SW10000	10000	100~150	9000	≤0.7	6

图 3-10 双卧轴混合机

（5）脉冲反吹布袋除尘器

脉冲反吹布袋除尘器自 20 世纪 50 年代问世以来，经国内外广泛使用，不断改进，在净化含尘气体方面取得了很大发展，由于清灰技术先进，气布比大幅度提高，故具有处理风量大、占地面积小、净化效率高、工作可靠、结构简单、维修量小等特点。除尘效率可以达到 99% 以上，是一种成熟的比较完善的高效除尘设备。

脉冲反吹布袋除尘器（图 3-11）的工作原理：含尘气体由下部敞开式法兰进入过滤室，较粗颗粒直接落入灰仓，含尘气体经滤袋过滤，粉尘阻留于袋表，净气经袋口到净气室，由风机排入大气。当滤袋表面的粉尘不断增加时，程控仪开始工作，逐个开启脉冲阀，使压缩空气通过喷口对滤袋进行喷吹清灰，使滤袋突然膨胀，在反向气流的作用下，赋予袋表的粉尘迅速脱离滤袋落入灰仓，粉尘由卸灰阀排出。脉冲反吹布袋除尘器主要技术参数见表 3-10。

图 3-11　脉冲反吹布袋除尘器

表 3-10　脉冲反吹布袋除尘器主要技术参数

参数		除尘器型号							
		MC24	MC36	MC48	MC60	MC72	MC84	MC96	MC120
过滤面积/m²		18	27	36	45	54	63	72	90
滤袋数量/只		24	36	48	60	72	84	96	120
过滤风速（m/min）		2～4	2～4	2～4	2～4	2～4	2～4	2～4	2～4
处理风量/m³		2160～4300	3250～6480	4320～8630	5400～10800	6450～12900	7550～15100	8650～17300	10800～20800
最大外形尺寸/mm	长	1025	1425	1820	2225	2625	3025	3585	4385
	宽×高	1678×3660							
清灰装置	脉冲阀数量/只	4	6	8	10	12	14	16	20
	耗用压缩空气量/m³	0.07～0.30	0.11～0.40	0.15～0.50	0.18～0.60	0.22～0.60	0.25～0.90	0.29～0.90	0.37～0.90
	压缩空气压力/MPa	0.5～0.8							

3.1.2　特种砂浆生产线

特种砂浆生产线（图 3-12）主要生产产品为轻、重质抹灰石膏，黏结石膏，各类水泥基、灰钙基、石膏基腻子，水泥基黏结、抹面砂浆等。

其设备主要构成和普通砂浆生产线大同小异，分为原料上料提升系统、原料储存计量系统、粉状外加剂储存计量系统、混合搅拌机、除尘系统、成品暂存系统、袋装包装系统等。特种砂浆生产线主要技术参数见表 3-11。

表 3-11　特种砂浆生产线主要技术参数

设备型号	配套主机	整机功率/kW	理论生产率/（t/h）	占地面积/m²
TZSW2000	TSW2000	50	15	200
TZSW3000	TSW3000	65	20	250
TZSW4000	TSW4000	80	30	300
TZSW6000	TSW6000	105	45	400
TZSW10000	TSW10000	140	75	700

图 3-12　特种砂浆生产线

1. 特种砂浆生产线搅拌主机

特种砂浆生产线系列主机为双卧轴无重力搅拌机（图 3-13），采用 THB 系列双轴桨叶式混合机专用减速机，带动主轴传动，每根主轴上设置有多个搅拌臂和多个分散臂，搅拌臂上安装有桨叶式的搅拌叶片；其中每个搅拌臂上的两个叶片呈 90°夹角，相邻两个搅拌臂上呈 90°夹角，每个搅拌叶片与主轴轴线呈 45°夹角；轴端密封采用"3＋2"结构，即非电机端采用 3 道油封结构、电机端采用 2 道油封结构，设计采用此结构已经达到防水要求，完全杜绝了搅拌机内的粉尘外泄；卸料门采用独特的大开门结构，下料速度快，提高整个生产线生产效率。双卧轴无重力搅拌机主要技术参数见表 3-12。

表 3-12　双卧轴无重力搅拌机主要技术参数

设备型号	全容积/L	整机功率/kW	整机质量/kg	装载系数	飞刀数量
TSW500	500	4～7.5	1000	≤0.6	—
TSW1000	1000	7.5～15	2500	≤0.6	—
TSW2000	2000	15～22	3500	≤0.6	—
TSW3000	3000	18.5～22	4000	≤0.6	—
TSW4000	4000	22～30	5000	≤0.6	—
TSW6000	6000	30～45	6000	≤0.6	选配
TSW10000	10000	45～75	9000	≤0.6	选配

图 3-13　双卧轴无重力搅拌机

2. 阀口袋自动包装机

阀口袋自动包装机作为粉体的自动称重包装设备，自动化程度高，计算机智能自动识别，操作简单，只需人工插袋即可完成包装生产工艺，改善劳动环境，节省人工、减轻工人劳动强度，较大降低生产成本，提高生产效率，改写了传统生产工艺。广泛应用于各种干粉、颗粒状物料的自动计量灌装。

阀口袋自动包装机（图 3-14）根据物料特性主要分为叶轮式阀口包装机和气浮式阀口包装机。

叶轮式阀口包装机广泛用于干粉、水泥、石粉、煤灰粉、重钙粉、石英砂、滑石粉等粉状物体的定量包装。阀口袋自动包装机主要技术参数见表 3-13。

气浮式阀口包装机对物料大，流动性较差的粉末或细小颗粒的包装，利用压缩空气为动力。压缩空气通过雾化器使密封内的物料发生流化状态，从而达到输送给料的作用。密闭采用气动橡胶阀门，通过控制阀门的流通面积，以达到控制包装物料的给料量，机身全部密封并配有除尘口实现有效和稳定的袋装。

图 3-14　阀口袋自动包装机

表 3-13　阀口袋自动包装机主要技术参数

称重范围/kg	称重精度/kg	电机功率/kW	理论生产率/（袋/h）
10～50	±0.3	4	360

3. 机械手码垛线

机械手码垛能将不同外形尺寸的包装货物整齐、自动的码在托盘上。为充分利用托盘面积和码堆物料的稳定性，机械手具有物料码垛顺序、排列设定器。广泛应用于物流、家电、医药、食品等不同领域。

码垛机械手具有结构简单、容易保养维修等优点，主要构成零件少、配件少、维护费用低，可设置在狭窄空间有效使用。

机械手码垛线（图 3-15）包含有水平汇流输送机、双层爬坡压包输送机、清灰振动整形输送机、缓存输送机、抓取输送机、机器人抓手、码垛机器人、控制系统等设备。机械手码垛线（一机一线）效果示意如图 3-16 所示。

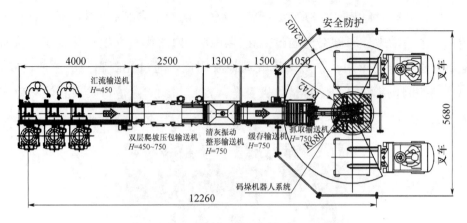

图 3-15　机械手码垛线

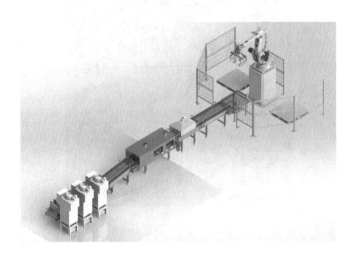

图 3-16　机械手码垛线（一机一线）效果示意

（1）水平汇流输送机

水平汇流输送机（图 3-17）根据每段不同功能配置相应高度和长度的水平输送，每段配有检测光电，在水平输送机上包装袋经过护栏的进一步校正后，外形更平整，使后期的码垛垛型更加整齐美观，也起到缓存包装袋的作用。

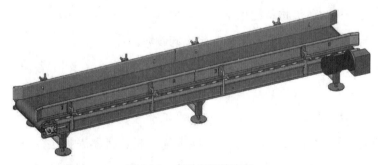

图 3-17　水平汇流输送机

（2）清灰振动整形输送机

产品通过前端输送机输送到此段，封闭振动整平并对包装袋表面粉尘由固定毛刷进行清扫，产品振动、毛刷清扫、扬尘由除尘管吸走，落下的粉由下面的收尘口收集，故经过此段设备对产品外粉尘清理有很好的效果。包装袋更平整，使码垛的垛型整齐美观；同时整形输送机可将产品拉开一定间距，便于光电检测和后面的码垛（图3-18）。

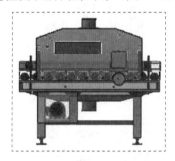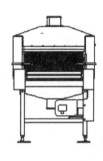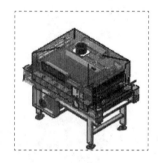

图 3-18 清灰振动整形输送机

（3）压包输送机

通过方辊的振动（清灰）输送机初步整平后，再通过此工位压包整平机，排出包装袋内部气体，并通过由除尘口吸走排气中排除的粉尘（压包时包内的气体带出大量的粉尘），对包装袋再次整形，使包装袋里的产品均匀一致，码垛的垛型更加整齐美观（图3-19）。

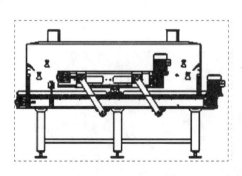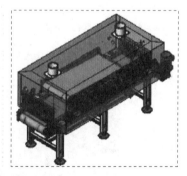

图 3-19 压包输送机

（4）抓取输送机

包装袋从压包整形输送机输送到抓取线上配合机器人码垛。此抓取输送机具有保证码垛机器人安全、方便的抓取和节能等功能（图3-20）。

（5）机器人抓手

码垛生产线由机器人抓手通过机器人的程序控制电磁阀驱动气缸动作，驱动不锈钢手指将抓取线上的袋子抓取分别有序地放置到托盘上面（图3-21）。

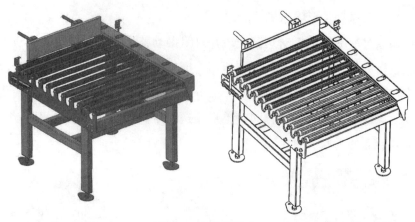

图 3-20 抓取输送机

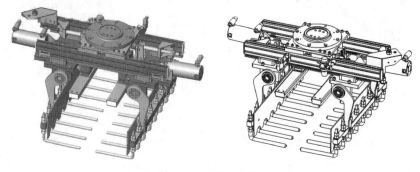

图 3-21 机器人抓手

（6）码垛机器人

选用此机器人为 4 自由度高速码垛机器人，最大负载 110kg，工作范围可达 2403mm，具有更加紧凑的机械结构，适用于狭小空间作业（图 3-22）。

图 3-22 码垛机器人

3.2　储料罐发展及应用

3.2.1　干混砂浆储料罐工作原理

我国干混砂浆储料罐发展从早期仿制国外产品开始，通过多年的不断研发创新，同时也为了适应国内多样性的砂浆品种、配比和使用场景，在罐体结构、防离析、破拱装置、搅拌器、信息化管理等方面实现了诸多创新，目前国内干混砂浆罐总体性能和功能已经处于世界领先水平。

干混砂浆储料罐由罐体、进料管、防分离装置、收尘系统、排气管、人孔盖系统、称重料位、背罐装置等组成。下部装有破拱装置，防止粉料结块，使粉料卸出顺畅，具有防雨、防潮、使用方便等特点。智能型干混砂浆储料罐同时装有储料罐智能终端，能对储料罐进行定位、称重、缺料报警和远程控制诸多功能。砂浆企业可随时掌握储料罐内物料的使用情况。

干混砂浆通过砂浆散装运输车运输到工地后，由车辆的气力输送系统，将砂浆输送至干混砂浆储料罐罐体中，然后在罐体的排气口使用除尘设备进行收尘。罐体中的干混砂浆靠自身重力和罐体振动电机的振动使干混砂浆均匀下落。

在使用时通过罐体下端链接的蝶阀进行流量控制，正常使用时可开在最大位置。当干混砂浆进入搅拌器后，在搅拌器推进端进行预搅拌，然后通过螺旋推进轴进行强制式定量输出，当进入搅拌端后，有水泵提供恒定量水源，砂浆和水经过搅拌混合为湿砂浆，并通过出料口匀速下落，使粉尘、落地灰等污染物的排放量大大降低。

众所周知，砂浆拌合物组成材料之间的黏聚力不足以抵抗粗集料下沉，砂浆拌合物成分相互分离，造成内部组成和结构不均匀的现象。通常表现为粉体料与颗粒料相互分离，如密度大的颗粒沉积到拌合物的底部，或者粗集料从拌合物中整体分离出来，这种情况称为离析。

市场上早期的干混砂浆罐主要结构是垂直下落方式，使干混砂浆直接落于罐内，干混砂浆下落后堆积成锥体状。由于粉体物料（水泥等）和颗粒物料（砂石等）的休止角不同，在储存堆积过程中粉体自然往上堆积，砂石等颗粒从四周自然滑落，极易导致干混砂浆的离析，破坏了干混砂浆的均匀混合状态，造成出料口出料不净，不顺畅，影响成品的质量，且加快了设备的老化速度，导致生产成本的提高。

从理论上讲，干混砂浆在各个过程中都可能产生"离析"现象，但是有些过程的"离析"是很轻微的，可以忽略不计。对干混砂浆"离析"问题的防范，除了生产过程中需要严格控制工序质量以外，其重点要放在成品以后的各工序点上。

许多资料都将对干混砂浆"离析"问题的研究主要集中在物料的自由下落上。而实际上，干混砂浆"离析"的发生并非在自由下落过程中产生的，而是在物料下落堆积成锥体状以后产生的。

由于粉体物料（水泥等）和颗粒物料（砂石等）的休止角不同，当干混砂浆在堆积过程中自然形成锥体状，粉体随锥体自然往上堆积，而砂石等颗粒料从锥体四周自然往下滑落，最终导致"离析"产生。下料落差的大小，决定了粉体料和颗粒料"离析"的轻重。不同的颗粒料"离析"结果不同，如河砂比其他砂石"离析"小。

干混砂浆从砂浆运输车到储料罐的过程中和储存过程中都是极易产生离析问题的环节。这就需要对干混砂浆储料罐进行改造来解决。目前的主要方式是在干混砂浆储料罐内中间位置沿竖直方向设置用于防止干混砂浆离析的防离析管，防离析管向上延伸至罐体内顶部向下延伸至罐体内下部，外壁设置有用于喷泄干混砂浆的直槽孔，直槽孔两两对称，且上下相邻的直槽孔交错分布。罐体内部设有进料管，进料管向上延伸至罐体内顶部向下延伸至罐体底部外侧，罐体内顶部设有离析垫板，离析垫板内壁上设有弯管连接头，离析管与进料管通过弯管连接头连接，离析管下方设有用于均匀分流干混砂浆的分流锥体，分流锥体的扩口锥面与防离析管下管口相对应，分流锥体下方设有出料口，防离析管、分流锥体和出料口均与罐体同轴设置，罐体内设有用于平衡罐体内外压强的排气管，排气管向上延伸至罐体内顶部向下延伸至罐体底部外侧。

干混砂浆在车载气压的推动下通过进料管快速进入防离析管内，小部分的干混砂浆从直槽孔射出，只要分流锥体的扩口锥面角度设计合理，喷射而出的干混砂浆中较粗的颗粒呈现S形轨迹降落，较细的颗粒呈现伞面式下降，大部分的干混砂浆在防离析管的引导下自由下落，经过分流锥体后均匀分布在罐体底部，能够有效避免干混砂浆的离析现象。

防离析管上设置的直槽孔，两两对称，且上下相邻的直槽孔交错分布，进料时，先从防离析管下部出料，当防离析管下管口被砂浆覆盖后，从距离下管口最近的直槽孔出料，下部的直槽孔被覆盖后从上部的直槽孔出料，依次出料逐层向上累积直至满罐，防止干混砂浆在堆积的过程中形成锥体，避免干混砂浆离析；防离析管内干混砂浆在重力的作用下向下移动，靠近防离析管外层的干混砂浆在自身重力及摩擦力的作用下，经直槽孔进入防离析管内，再从防离析管内自由下降，靠近外壁的干混砂浆从分流锥体与出料口之间的间隙下降，如此逐层下降，避免了传统干混砂浆卸料时中间快、边上慢、层层剥离的现象，使整个罐体内的干混砂浆在卸料时整体下降。

罐体上部为中空的圆柱体，下部为中空的倒置锥体，罐体内部中间位置沿竖直方向安装有防止干混砂浆离析的防离析管，防离析管向上延伸至罐体内顶部，向下延伸至罐体内底部。此结构不仅减少了干混砂浆对防离析管的磨损，提高了设备的使用寿命，而且便于干混砂浆中较细的颗粒在车载压力下呈伞面状喷泄，使得干混砂浆在罐体底部能够混合均匀，有效防止干混砂浆的离析；防离析管下方安装有分流锥体，分流锥体下部开有出料口，防离析管、分流锥体和出料口均与罐体同轴安装，分流锥体的扩口锥面与防离析管下管口相对应，分流锥体上部焊接有两条平行且用于固定分流锥体的铁链，铁链的另一端焊接在防离析管下端的管壁上，分流锥体底部焊接有防止分流锥体晃动的十字形支撑拉筋，支撑拉筋的另一端焊接在罐体的内壁上，分流锥体的扩口锥面由六块相同的扇形板对接成型，分流锥体将防离析管中自由下落的干混砂浆均匀分流到罐体的底部，防止干混砂浆结块，使干混砂浆保持松散；进料时，先从防离析管下部出料，当防离析管下管口被砂浆覆盖后，从距离防离析管下管口最近的直槽孔出料，下部的直槽孔被覆盖后从上部的直槽孔出料，依次出料逐层向上累积直至满罐，有效的防止干混砂浆在堆积的过程中形成锥体，避免干混砂浆离析；防离析管内的干混砂浆在重力作用下向下移动，靠近防离析管外层的干混砂浆在自身重力及摩擦力作用下，经直槽孔进入防离析管内，再从防离析管内自由下降，靠近罐体内壁的干混砂浆从分流锥体与出料口之间的间隙下降，如此逐层出料，避免了传统干混砂浆卸料时中间快、边上慢、层层剥离的现象，能够使整个罐体内的干混砂浆整体下降，从而最大程度的改善了干混砂浆抽芯"离析"现象。

3.2.2 连续式搅拌器发展历程

干混砂浆行业的快速发展，对相应物流设备的要求也是越来越高。随着砂浆品种的多样性，施工技术的提升，对干混砂浆储料罐上的搅拌器提出了更高的要求。目前市场上的搅拌器有连续式搅拌器、滚筒式搅拌器、卧式搅拌器等多种不同规格型号的产品，其中连续式搅拌器占据了绝大部分市场份额。下面简单介绍连续式干混砂浆搅拌系统的发展历程。

1. 第一代连续式搅拌器

2007 年前后，国内第一代连续式搅拌器开始在市场崭露头角，其在实际的使用中表现出许多优势。相较于早先的间歇式搅拌器，第一代连续式搅拌器首先在推进搅拌系统的设计上进行了创新，将推进系统与搅拌系统结合，大大提高了出料速度，在调整好给水量后可实现连续不间断的出料与搅拌，避免了搅拌周期长工人接料等待的缺陷。搅拌器与干混砂浆储料罐连接在一起，可实现储料罐与搅拌器同时转移的功能，大大提升了项目转移切换的周期，降低了转移时的困难。第一代连续式搅拌器由减速电机、推进筒仓、搅拌筒仓及推进系统共四部分组成，其尺寸较间歇式搅拌器大大缩小，使干混砂浆储料罐占地面积减小，整体布局更紧凑。

第一代连续式搅拌器中的搅拌刀采用焊接方式，这种方式的工艺优点是材料成本低，缺点是尺寸不够精密，搅拌刀不耐磨，其搅拌寿命为 300t 左右，出料速度较慢，约 5t/h，使用后的维护拆洗比较复杂。除了以上缺点，第一代连续式搅拌器还存在一个致命的缺陷——返水。推进仓的主要作用为送料，而干混砂浆必须保持干燥的状态；否则，一旦遇水固化，则整个搅拌系统将不能工作。

2. 第二代连续式搅拌器

面对第一代连续式搅拌器的种种缺陷，2009 年前后，国内第二代连续式搅拌器诞生。在保持了第一代连续式搅拌器优势的基础上，进行了一系列的设计改进。首先解决了上一代搅拌器存在的返水问题，在推进区域与搅拌区域中间加装一大径螺旋叶片，阻挡搅拌筒仓的水进入推进筒仓。同时将搅拌刀材质更换为耐磨材质钢板，使搅拌轴的使用寿命也大幅提升到了 500t 左右。

第二代与第一代连续式搅拌器在整体上区别不大，仅仅解决了返水问题，对搅拌轴进行了使用寿命的提升，以及解决一些使用性能上的问题。一二代连续式搅拌器最明显的缺点就是故障率高，制造工艺复杂，使用成本较高，同时使用后的清洗维护相对较麻烦。而第三代搅拌器的出现，从根本上解决了这些问题。

3. 第三代连续式搅拌器

2011 年前后，第三代连续式搅拌器问世。相较于第一代与第二代，这次的升级改造有了更明显的变化。首先是将焊接工艺的搅拌刀更换为铸钢式犁刀，其耐磨性得到了极大的提升，使搅拌轴的使用寿命增加到 1000t 左右，比二代的搅拌系统提高 2 倍以上。其次，为了提高搅拌器的可维护性，易维修性，在推进筒仓底部增加一卸灰口，防止因杂物和其他因素造成的卡机而不可维修，提高设备维修性能，增加设备的安全性。最后，搅拌筒仓上部增加检视窗口，便于设备使用后的清洗，大大提高了设备的使用寿命。同时，推进螺旋由原来的单个叶片拼接改为使用整体耐磨材质的钢板加热螺旋成型，提高推进系统的使用寿命。同时此种工艺可增加设备的精密度，使搅拌出料速度与搅拌质量更稳定，工艺的改进使制造成本大大降低，连续式搅拌器在市场的普及率大大提高。而且，第三代的搅拌筒仓较第一代与第二代的储料体积更大，其出料速度可达 6t/h 左右。在操作控制系统上增加了一键清洗的功能，使设备的维护更快捷，降低了维护使用成本。

铸造式搅拌刀和铸造式刮刀的使用是连续式搅拌器发展历程中的一项重大变革，其较高的耐磨性，可替换性，以及易操作性等优点，为连续式搅拌设备的维修、保养提供了便利，同时也提高了设备整体的使用寿命。

4. 第四代连续式搅拌器

2014 年前后，连续式搅拌器有了进一步的升级换代。搅拌系统中的铸造零部件在设计上进行了更进一步的优化，由铸造犁刀变更为铸造飞刀。相较于犁刀的搅拌形式，飞刀更能发挥出均匀搅拌的功能，减少了混合四角，使砂浆混合均匀度达到 99% 以上，出料稳定，可靠性高。同时，飞刀的镂空设计，减小了砂浆与飞刀的摩擦，使飞刀的使用寿命达到 2000t 左右。同时，使用飞刀搅拌还能极大地提高出料速度，第四代连续式搅拌器的出料速度可达 8t/h，大大提高了建设工程的施工效率。如果说铸造搅拌刀的使用是连续式搅拌器发展的重大转折点，那么由犁刀向飞刀的转换则是连续式搅拌器发展中的重要革命。

5. 第五代连续式搅拌器

2016 年前后，第五代连续式搅拌器在四代基础上进行整体升级，优化搅拌系统、控制系统等，使之能适用于国内所有地区和不同品种的砂浆。搅拌轴采用模块化设计，整轴共分 21 个组成部分，可以完全拆除，当搅拌轴磨损时，可以对整轴进行全部更换，也可以只对磨损部分进行更换，使搅拌轴的维修更简单，维护成本更低。在进料舱开具检查窗，可通过进料舱检查窗观察下料过程，处理堵料、清除异物轻松搞定。采用最新设计的出料口，外形美观，出料顺畅，绝对没有任何堵塞。在整机性能上也做出了明显改善，其出料的稳定性进一步加强，砂浆搅拌后的和易性提升显著。整体出料速度可达 12t/h，使用寿命提升到 3000t 左右。第五代连续式搅拌器的出现，使得干混砂浆搅拌整体性能不断提升，出料速度不断提高，同时维护成本不断降低。现场施工人员对新型搅拌器的应用评价极高，大大降低了工人的劳动强度，这也间接的促进了干混砂浆的快速普及。

回顾连续式搅拌器的发展历程，能够看出得益于我国制造业水平的不断提升，使得连续式搅拌器的产品性能和功能不断完善。连续式搅拌器的创新进步，势必会继续不断向前，目的是制造出效率更高，制造成本更节省的新设备。创新无止境，并且随着时代的不断前进，干混砂浆行业也在不断发生着变化。作为服务于干混砂浆行业的相关物流设备及产品，也将随着行业的发展而发展，随着时代的进步而进步。

3.2.3　智能型干混砂浆储料罐

随着全国绝大部分城市开始推广禁止现场搅拌砂浆，干混砂浆行业发展迅速，但行业管理及砂浆生产、运输和使用中的问题逐渐显现。主要表现在以下几个方面：

（1）部分施工单位出于短期经济利益的考虑，采取各种形式变相进行现场搅拌，为了应付检查而弄虚作假；

（2）施工单位要货不及时导致工地"断料"停工，影响施工进度；

（3）施工单位对要货提前量把握不准确导致车辆"剩料"，出现浪费和污染；

（4）施工人员安全意识淡薄，经常出现储料罐存放位置和底座基础不符合要求，一旦储料罐倾覆将造成严重的安全事故；

（5）运输车辆调度效率低下，运输过程难以管理；

（6）部分生产企业为了降低成本，采用非专业运输车运输砂浆，导致运输过程中产生砂浆离析问题，影响了砂浆质量；

（7）部分生产企业通过不正当手段进行恶意市场竞争，为了降低砂浆的生产成本，在生产过程中降低水泥含量，导致砂浆质量不符合要求，但由于在砂浆生产环节上的质量监督措施不足，这类问题很难发现；

（8）施工工地的操作人员由于不熟悉操作流程，在使用储料罐的过程中经常出现误操作，导致设备损坏，影响施工进度；

（9）行业数据获取困难，影响管理的效率和决策的科学性。

为了解决上述问题，相关的设备制造企业研发了具有定位、称重、自动报警和远程控制功能的智能型干混砂浆储料罐，结合信息化技术对智能罐的功能进行扩展，形成砂浆行业监控管理的整体解决方案，解决了目前行业中存在的砂浆罐计量不科学、储料罐管理和维护成本高、储料罐使用存在安全隐患、砂浆质量无法监督、运输过程难以监控和行业数据获取困难等问题，创新了行业管理模式，促进了行业科学发展。智能型干混砂浆储料罐的具体解决方法如下：

（1）对储料罐实时定位，随时获知每一个储料罐当前所在位置，并可查询储料罐以往任意时间所在位置，掌握储料罐的基本信息、所属项目信息、使用信息等相关数据。

（2）在储料罐智能终端显示屏上直观显示砂浆余量数值，解决目前部分储料罐没有计量装置的问题。由于所显示的砂浆余量数值是由传感器上传的数据经服务器计算后所产生的，在施工现场不能任意调节，保证了数据的真实性和准确性，解决了部分储料罐可以任意调节数值的问题。计量显示方式支持质量、百分比、料高三种显示方式，用户可以根据需要灵活设置砂浆计量显示方式，也可以对显示方式进行组合，如可以只显示质量，也可以只显示百分比，还可以百分比和质量同时显示。当储料罐内的砂浆余量不足时，系统会自动向生产企业及运输企业发送要货及报警信息，报警信息可通过监控系统、手机短信和语音电话等方式提示用户，生产企业及运输企业可根据缺料情况，主动与施工单位联系。储料罐可以支持固定数值报警及动态数值报警两种报警方式，固定数值报警是指储料罐内的砂浆数量、百分比、料位、高度低于某一固定数值时进行报警，如可以设置质量低于3t时报警，或设置百分比低于10%时报警，或设置料位高度低于0.5m时报警。动态数值报警是指根据储料罐所在位置及与生产企业的运输距离，按照动态数值报警，如某一新型储料罐与生产企业距离低于10km，会在砂浆余量低于2t或百分比低于6%时报警，而另一储料罐与生产企业距离超过30km，会在砂浆余量低于4t或百分比低于10%时报警。

（3）通过监控管理系统能够对储料罐进行远程控制，用户无须到工地现场即可对储料罐进行管理，根据用户需要可远程调整储料罐显示屏上的显示信息、操作教程及提示信息等。由于罐的使用环境恶劣，使用一段时间后很多传感器会出现零点漂移或斜率变化，造成砂浆计量不准确，同时企业的管理维护成本难以控制。通过监控系统的远程修复功能可以完全解决这类问题，通过管理系统的清零和斜率修正功能即可实现。

（4）由于储料罐在施工现场的放置条件所限，经常出现地面不平和松动的问题，储料罐会出现倾斜和支脚悬空的问题，极易出现安全隐患，造成安全事故。智能型干混砂浆储料罐支持罐体四个支脚传感器单独采集，具有支脚独立监控、储料罐倾斜报警、支脚悬空报警、任一传感器异常报警等功能，既避免了普通储料罐出现的传感器损坏无法发现是哪个支脚的传感器故障导致的计量数据不准的问题，又实现了对储料罐使用过程中的安全监控，一旦储料罐出现倾斜或支脚悬空，监控系统自动报警，提醒使用人员排除安全隐患。

（5）通过智能型干混砂浆储料罐的技术扩展实现了储料罐与砂浆专用运输车的智能匹配，可在监控系统下同时监控，当出现非专用运输车向罐内吹料时自动报警，解决了由于非专用运输车在运输过程中导致的砂浆离析问题。

（6）监控系统通过数据接口与砂浆生产企业的工控系统进行对接，通过采集砂浆生产工控系统数据，获知砂浆原材料含量等数据，系统可依据产品批次等信息追溯到运输工地和具体到哪个储料罐，对砂浆生产过程进行质量监督。

（7）由于工地施工人员的操作水平所限经常出现对储料罐的误操作和使用不当问题，通过终端显示屏显示的操作教程、故障排除方法、维修联系人信息等，对使用人员进行现场简易培训，减少误操作出现的概率。操作教程等相关信息可由用户自行调节，并自行设置显示间隔和频率。

（8）当前管理部门获取行业数据的方式主要是通过企业上报的方式，生产企业、运输企业、施工单位定期或不定期将数据上报至管理部门，但这种上报存在一定的滞后性，并且管理部门很难对企业上报的数据进行有效核实，数据真实性与准确性也存在一定问题，导致管理部门很难对数据进行迅速分析并制定相关政策，在制定政策时也很难具有较强的目的性和针对性，从而影响了管理效率和决策的科学性。如何能够实时准确地获取行业数据成为关键问题，通过智能型干混砂浆储料罐和监控管理系统，从砂浆生产、运输到实际使用，实现了数据完全自动采集，保证了数据的整体性，管理部门依据实时采集的各种数据进行分类汇总统计分析，以数据作为制定行业政策和管理决策的参考依据，组织有目的性的重点检查和推动，提高管理效率和决策的科学性。

智能型干混砂浆储料罐的主要创新点是通过为普通储料罐安装智能终端，实现了储料罐定位、砂浆计量和缺料自动报警功能，解决了工地使用中断料和剩料问题；对智能罐可进行远程控制，用户无须到工地现场即可调整显示屏上的显示信息、报警方式、消除传感器零漂和斜率变化等问题；先进的支脚传感器独立监控功能，当储料罐出现倾斜或支脚悬空时自动报警，提醒使用人员排除险情，消除安全隐患；通过对智能罐功能扩展使砂浆罐与砂浆专用运输车智能匹配，实现储料罐和运输车在同一系统界面下监控，当非专用运输车向罐内吹料时自动报警，避免了非专用运输车在运输过程中导致的砂浆离析问题；实时采集砂浆生产工控系统数据，获知砂浆原材料含量等数据，对砂浆生产过程进行质量监督；通过终端显示屏显示操作教程、故障排除方法等相关信息，对使用人员进行现场简易培训；创新的行业管理模式，砂浆生产、运输和使用数据完全自动采集，实现数据整体性管理。

3.2.4 干混砂浆储料罐工艺

干混砂浆储料罐用于施工现场散装干混砂浆的储存和搅拌，包括罐体和干混砂浆搅拌器两部分。散装干混砂浆通过砂浆运输车运输到工地，依靠气体压力泵输送到干混砂浆储料罐。干混砂浆通过自身重力，从储料罐中卸出，注入搅拌器中，通过螺旋式推进轴传送到搅拌区，在搅拌区入料端，通过供水软管加水来产出施工现场使用的湿砂浆。

目前常见干混砂浆罐尺寸为 $2490 \times 2400 \times 7050$，底部配安装马槽，四角分别焊接支撑钢板：长 380mm，宽 300mm，厚 10mm。干混砂浆罐满载时总重约（自重＋料重）45t；单脚受力：$F = 45 \times 9.8//4 = 110.25$kN；地基承载力约80kPa（图 3-23～图 3-25）。

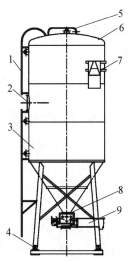

图 3-23 储料罐主视图

1—扶梯；2—维修检查孔；3—仓体；4—称重传感器；5—护栏；6—封头；

7—吊耳；8—出料锥口；9—连续混浆机

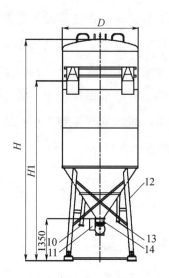

图 3-24　储料罐右视图

10—气力进料口；11—配电箱；12—支腿；13—排气口；14—卸料阀

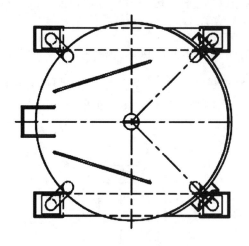

图 3-25　储料罐俯视图

干混砂浆储料罐生产过程大致分为下料、拼板、焊接、喷涂、装配几个环节。

下料工艺以前完全依赖手工完成，人工手动测量，手动下料，冲床依照模具冲法兰眼，金属带锯床下搅拌桶与推进桶，人工依照工装划线使用氧割切割。尺寸误差大，人工打磨修正，占地广，区域物料摆放杂乱。现在最新的下料工艺已完全实现自动化，自动化大相贯线按编程程序沿运动轨迹切割下料推进桶与搅拌桶，小相贯线下料防离析管与罐腿拉杆，罐腿自动切割机，激光机按排版图形切割下料，龙门机按排版图形切割下料，数控剪断下料机根据数据扶梯下料，尺寸更精准，产品更统一，焊接更方便，现场管理更规范，同时提高了产能。

焊接工艺以前都是手工电焊（焊条）焊接，工人手工圈圆，拼装，加固。内外缝焊接，罐腿焊接，离析管加固等各个工序完全依赖人工，焊接过程中找料，抬料，焊接修磨，多人操作，浪费人力、时间、材料。现在先进的自动化焊接流水线完全取代手工焊接，每一个工位完成一道工序，打破原有的单人生产模式，整个焊接流水线动力采用托杆和平移小车，完成生产工位的自动流转。在生产线整个流动过程中，通过 PLC 系统控制，并由触屏显示屏辅助完成可视化控制，流水线由 20 个工位组成，把一个干混砂浆储料罐焊接工艺分解到 20 个工位中，针对每个工位的数据进行自动收集并汇总成报表，可实时调取数据分析，便于后期优化生产线。

焊接流水线实现了储料罐从下料、圈圆、拼装、加固、内外缝焊接再到罐腿焊接，离析管加固等各个工序上只需一个人即可完成。这不仅大大降低了工人劳动强度，提高了生产效率，而且达到了产品的标准化和精细化，极大提高了产品的质量。特别是 ZT 系列自调试（聚氨酯）滚动架可以依次完成砂浆筒仓的内外环缝和内外直缝的焊接工艺。新的焊接工艺使得锥体焊缝由原来的人工两面焊，到现在的单面焊双面成型，防雨圈由原来的扁铁焊接，到现在的工装一次成型，既提高了产品质量又节省了制造成本。

精加工工艺之前使用的都是普通车床，加工零部件需要现场摆放图纸，需要熟练工人才能操作。现在已全部由数控车床代替，一名普通工人即可完成产品加工。干混砂浆储料罐的小部件繁多，加工量大。以护栏扶手为例，折弯从之前的一头折弯后，接着折弯另一头，到现在双头弯管机引进后，只需调整参数一次成型，效率更高，精度更高，产品更标准化。马槽隔板从之前的人工手动下料，到现在的模具冲剪一次成型，更省时间，减少了劳动强度。轴类键槽的加工从之前的人工加工，到现在的先进数显铣床，一次成型，大大节省了加工成本。

自动粉末喷涂设备及生产线的引入，使得干混砂浆储料罐的生产自动化水平和工艺水平达到了世界先进水平。整套喷涂设备包括自动粉末喷枪、粉末固化、喷房、升降机、强冷室、密封室、自动抛丸机、自动粉房系统以及输送系统等。粉末喷涂生产线，突破原有的人工打磨，人工喷涂的生产模式，采用自动抛丸机进行抛丸，自动喷粉，自动烘烤等全自动流水线方式，将人工降低了90％以上，人工劳动强度也大大减少，同时增加了产品品质的可靠性。整个喷涂生产线采取 PLC 控制的自动步进式流转方式，用触摸显示屏辅助完成可视化，自动采集每个工位生产信息至总控中心，同时总控中心负责协调每个自动化工位间的交互，使得整条流水线完全自动运行。

粉末喷涂生产线的主要优势：

（1）优化喷涂性能，涂层外观优异。半成品砂浆罐经过抛丸等前处理后，进入静电粉末喷房系统，在静电的作用下粉末均匀地吸附在砂浆罐表面上，形成粉状涂层后经过高温烘烤、流平固化等工序后，出来的砂浆罐从外观上看起来既漂亮又富有质感。

（2）附着力及机械强度强，涂层耐腐耐磨能力高。独特的喷涂工艺，自动金马喷枪，通过后台控制操作，喷涂均匀，涂层不薄不厚，既保证外表美观又使砂浆罐在使用中外表不易磨损。

（3）减少粉末损耗，提高能源效率，环保节能。自动化的喷涂工艺，相比人工操作，更容易控制喷粉材料的利用率，既喷涂均匀又可以减少粉末不必要的耗损。

（4）改善喷涂环境，提升喷涂质量和产量。无须稀料，无须底漆，对环境无污染，对人体无毒害；自动化生产线配既大大降低了人工劳动强度又减少了人工数量，同时也保证了产品的品质质量，提高了工作效率，增加了产量。

装配工艺从早期的人工搬抬、手工组装，逐步升级为由装配流水线机械手臂配合人工实现半自动化组装。转配效率较之人工组装提升了 4 倍，降低了工人的劳动强度，提高了生产效率，增加了产量。

干混砂浆储料罐组装完毕后，即可立即按客户要求装车发货，目前国内大型砂浆罐生产厂商已经实现从下订单到发货最快 30min 内出厂的效率。

干混砂浆储料罐这个从前在人们印象中低技术含量的产品已经实现了质的变化，砂浆罐生产已经融合了自动化焊接、自动化喷涂等最先进的技术和工艺，生产车间也完全实现了智能化管理。最新型的干混砂浆储料罐已经是标准化、模块化和定制化的产品，已经完全符合工业 4.0 对现代机械制造业的标准要求。干混砂浆储料罐未来仍将不断推陈出新，通过更先进的功能和创新服务于国内砂浆行业。

3.3　湿拌砂浆滞留罐的应用

湿拌砂浆滞留罐如图 3-26 所示。

图 3-26　湿拌砂浆滞留罐

1. 湿拌砂浆滞留罐的应用优势

（1）可以助推行业快速发展（图 3-27）

砂浆现场储存一直是湿拌砂浆行业的一个痛点，以前都是采用砌砂浆池来储藏湿拌砂浆，这种方法占地面积大且污染环境。无法应用机械化施工全凭手工转运砂浆增加工人劳动强度，由于长时间储存分层泌水等质量问题无法控制。完工后清理难度大、物料浪费多。非常不利于行业推广。现在采用了湿拌砂浆滞留罐现场储存湿拌砂浆。机械化程度高、无须人工看管、施工效率大幅度提升且砂浆品质可控性好。现场清理方便快捷、节能环保、工作环节整洁、物料浪费极少，解决了湿拌砂浆现场储存这一难题（图 3-28、图 3-29）。

图 3-27　湿拌砂浆滞留罐的应用

图 3-28   鑫天鸿湿拌砂浆滞留罐

图 3-29   市面上普通的混凝土滞留罐

（2）湿拌砂浆滞留罐与市场上普通的混凝土滞留罐的区分

湿拌砂浆滞留罐是根据湿拌砂浆的特性及施工工艺流程而设计的专用储罐。它能有效地确保砂浆品质及根据现场情况可以适当微调便于施工。市场上普通滞留罐，只能用于细石混凝土的简单储存。它会改变砂浆特性是不能用作湿拌砂浆的现场储存。

2. 湿拌砂浆滞留罐的选型要求

（1）目前市场上湿拌砂浆滞留罐（图 3-30～图 3-32）的规格为 5～12m³ 不等。砌筑砂浆用量少。使用速度慢建议使用 5m³ 滞留罐。抹灰砂浆用量大且使用速度相对快一点，建议使用 8～12m³ 滞留罐。

（2）湿拌砂浆滞留罐搅拌转速应控制在 8r/min 以内。

（3）搅拌叶片应选用免清理叶片主要功能为将物料持续推出通体之外。

图 3-30 湿拌砂浆滞留罐

图 3-31 普通卸料门   图 3-32 防卡滞卸间歇控制卸料门

（4）防卡滞卸间歇控制卸料门（这种卸料门与普通卸料门不同，它没有死角藏匿砂浆也不会因物料的膨胀或砂浆初凝而导致卸料门卡滞造成卸料门打开或关闭受阻，同时还可以控制内置搅拌装置的间歇运行，避免因过度搅拌而造成的砂浆品质改变。）

3. 湿拌砂浆罐的安装（图 3-33）要求

图 3-33 湿拌砂浆罐的安装

（1）最好选择两个楼层中间的位置摆放以达到滞留罐使用的有效性，也可以选择两个或多个滞留罐集中安装方便混凝土运输车集中卸料（图 3-34）。

（2）安装场地必须地质坚硬平整，也可以做四个方墩作为放置滞留罐基础。

（3）接入电源必须经过漏保、设备自身必须有接地保护。

4. 湿拌砂浆滞留罐后期使用、维护、注意事项

（1）湿拌砂浆滞留罐的使用

① 湿拌砂浆滞留罐装料前应先试运行设备看运转是否顺畅，无卡滞、异常。

② 放入砂浆前应在滞留罐内壁洒少量水做表面沁润、防止过度吸水造成砂浆稠度发生改变。

图 3-34　滞留罐安装位置

③ 若滞留罐配置间歇搅拌系统在使用过程中应先选择自动模式运行。

④ 使用完成后应选择手动模式运行，搅拌装置利用免清理叶片将滞留罐内砂浆排空后再用水冲洗内壁表面附着的少量砂浆。用斗车接住清洗后的污水。

（2）湿拌砂浆滞留罐的维护保养

① 每次使用完成后待砂浆凝固前用水冲洗清理设备表面做到内部无结料卡滞、外观整洁。

② 联轴器传动链条应一周内涂抹一次锂基酯或其他润滑油。

③ 每运行三个月更换一次减速机专用齿轮油（油品规格及加注量减速机上有标识）。

（3）湿拌砂浆滞留罐的使用安全注意事项

① 每次移动安装吊装时严格遵守吊装安全操作规程。

② 严谨一个人独立检修设备，进入罐体内部时关闭设备总电源，并有专职人员看守。

③ 设备检修电路或接电安装应有专业电工严格按要求操作。

④ 设备在运行状态下严禁将手或其他异物伸进罐体内部。

⑤ 发现紧急情况或异常应及时停止运行设备，待查明原因并排除后再运行。

3.4　砂浆物流过程的离析研究

目前与干混砂浆运输车类型相同的包括颗粒粮食散装车、散装饲料运输车和散装化肥运输车等，在这两种运输车的行业标准中均未涉及表征离析的指标及其检测方法；对此，业内曾提出不同意见并对此展开了研究。新疆石河子大学学报就曾经报道，采用甲基紫法和粗蛋白法对40km运输前后饲料混合均匀度进行测定，甲基紫测定结果表明：在运输前后均匀度变异系数（CV％）间差异不显著；对蛋白质的测定结果进行单因素方差分析，组间差异显著，多重比较后，底层与对照组差异显著，底层与中间层差异显著。

散粒体在运输过程中会存在不同程度的离析现象，粉粒物料在运输过程中不同性能指标的离散系数变化规律存在较大差异，不能任选一种性能的离散系数来表征运输过程中的离散程度。因此，散装干混砂浆在运输车中的离析大小、表征方式和能表征离析程度的性能指标必须经过相关实验研究才能确定。

1. 取样环节的确定

干混砂浆的离析是不可避免的，在干混砂浆制备完成到掺水搅拌的全过程中都存在离析：

（1）干混砂浆混合完成后，在以自由落体方式进入中间仓（或者散装仓）储存过程中存在离析；

（2）干混砂浆经散装头、入料管道、再以自由落体方式进入运输车或者移动筒仓过程中存在离析；

（3）干混砂浆在运输车中颠簸至施工工地的过程存在离析；

（4）干混砂浆运输至工地后以水平及垂直气力输送方式，经散装仓底送入储存罐内的垂直管道顶端过程中存在离析；

（5）干混砂浆再次以自由落体方式进入储存罐存在离析；

（6）以水平及垂直气力输送方式送到连续混浆机、掺水待用也会存在离析。

从散装普通干混砂浆在物流过程中的离散情况动态分析结果可以看出，散装普通干混砂浆在出厂、运输、出料、使用全过程中都会出现不同程度的离析，但离析最大的环节为干混砂浆在散装车中的进料和出料环节。实验时，变换了运输距离和路况，但从运输车到达目的地后取样分析结果可以看出，在运输过程中因为司机操作习惯、运距和路况的不同给砂浆的离散情况带来一定影响，但对散装普通干混砂浆到达工地交货检验时的离散情况影响不大。

散装普通干混砂浆的质量控制可以通过生产、散装普通干混砂浆运输车和移动筒仓进行控制。散装干混砂浆用运输车在进行质量控制时，应送质检站就其对砂浆的混合均匀度进行检测：若190目筛余离散系数≤10％，运输车合格，并采用与其对应的均匀度作为运输车的均匀度指标；若190目筛余离散系数＞10％，按 JGJ/T 70—2009 标准中第七章《立方体抗压强度试验》继续检测抗压强度；若抗压强度离散系数≤15%，运输车合格，运输车的均匀度指标取为 90%；若抗压强度离散系数>15%，运输车不合格。

移动筒仓对应的砂浆均匀度指标与运输车类似：若 190 目筛余离散系数≤6%，移动筒仓合格，并采用与其对应的均匀度作为移动筒仓的均匀度指标；若 190 目筛余离散系数>6%，按 JGJ/T 70—2009 标准中第七章《立方体抗压强度试验》继续检测抗压强度；若抗压强度离散系数≤10%，移动筒仓合格，移动筒仓的均匀度指标取为 94%；若抗压强度离散系数>10%，移动筒仓不合格。

2. 离散系数

为了进一步研究各性能指标与抗压强度相关度的关系，有关专业人员进行了相关的试验，结果如下：

表 3-14 为 6 组样品在各个环节、各个性能指标的离散系数汇总。

表 3-14　离散系数汇总表

样品		离散系数/%				
		干密度	某粒度的筛余	稠度	保水率	28d 抗压强度
DM5.0XA	进料口处	1.21	5.04	3.61	1.82	9.30
	车内启动前	1.45	7.49	4.28	2.24	15.07
	车内出料前	1.70	6.59	4.51	1.07	13.07
	水平管道末端	3.59	8.58	4.67	1.40	15.31
	散装罐出口处	1.19	5.68	2.80	0.68	7.75
DM7.5TB	进料口处	3.17	6.05	3.23	0.80	15.36
	车内启动前	4.89	9.28	3.71	1.93	18.68
	车内出料前	4.39	8.54	3.84	4.67	16.24
	水平管道末端	5.13	9.98	3.20	5.04	17.07
	散装罐出口处	3.19	6.83	3.32	3.92	11.33
DP7.5XA	进料口处	0.71	1.29	1.75	1.76	5.20
	车内启动前	1.61	6.19	3.04	2.69	17.30
	车内出料前	1.36	3.48	2.72	2.59	9.04
	水平管道末端	1.77	6.23	1.97	2.66	13.49
	散装罐出口处	1.44	5.64	1.62	2.33	11.43
DP7.5XB	进料口处	1.96	4.89	2.56	4.46	9.60
	车内启动前	3.72	5.38	2.98	4.19	14.19
	车内出料前	2.74	5.24	2.46	3.92	13.50
	水平管道末端	2.22	5.63	2.36	3.39	14.96
	散装罐出口处	2.35	5.28	2.32	5.32	9.41

续表

样品		离散系数%				
		干密度	某粒度的筛余	稠度	保水率	28d 抗压强度
DS20XB	进料口处	0.81	2.13	4.71	0.88	9.37
	车内启动前	2.28	4.04	7.17	1.38	12.63
	车内出料前	1.42	4.32	4.59	0.68	11.94
	水平管道末端	2.00	6.64	6.81	0.66	13.40
	散装罐出口处	1.96	2.11	5.97	0.18	10.63
DS25TA	进料口处	5.70	7.34	5.53	1.63	14.25
	车内启动前	6.15	11.39	6.73	1.89	16.49
	车内出料前	5.23	11.00	3.72	2.19	12.48
	水平管道末端	3.95	12.12	5.16	2.34	16.43
	散装罐出口处	4.33	9.67	5.08	1.35	14.44

　　进行线性回归时，一般数据越多，回归曲线的可信度越高，本实验中由于各环节的离散情况起点不同，若采用数据较多的离散系数进行回归也会存在不准确性，对此，采用离散系数和离散系数比分别进行回归，通过比较两者回归关系的相关系数（R）、相关系数为零的置信概率（P）和拟合变量的标准偏差（SD），选择 R 值高、SD 值小、P 值小的回归曲线作为本书评判依据。经过对上述 6 组样品的离散系数和离散系数比的回归关系进行比较，发现用离散系数比得到的回归曲线精确度更高，因此，采用离散系数比进行了各性能指标与抗压强度的线性回归（表 3-15）。

表 3-15　各性能指标与抗压强度离散系数比的相关系数汇总表

拟合曲线的相关系数	干密度	190 目筛余	稠度	保水率
$R_{DM5.0XA}$	0.57	0.91	0.88	0.83
$R_{DM7.5TB}$	0.99	0.99	0.09	0.54
$R_{DP7.5XA}$	0.99	0.99	0.89	0.97
$R_{DP7.5XB}$	0.67	0.93	0.63	−0.76
R_{DS20XB}	−0.72	0.97	0.81	0.99
R_{DS25TA}	0.33	0.56	0.95	0.30
$|R|$	0.71	0.89	0.71	0.73
相关系数的离散系数	35%	18%	46%	36%

　　从表 3-15 中可以得知，在容重、190 目筛余、稠度和保水率四个指标中，以 190 目筛余与抗压强度相关系数的平均值为最大，相关系数的离散性也最小，因此可以判定 190 目筛余与抗压强度的相关性最大。

3. 物流各环节对散装普通干混砂浆均匀性比较

在分析得到砂浆 190 目筛余与抗压强度相关性最大后，分析了 10 组样品 190 目筛余在各个取样环节的变化情况，其离散系数比汇总见表 3-16。

表 3-16　各组样品 190 目筛余离散系数比汇总

样品代号	车内启动前	车内出料前	水平管道末端	散装罐出口处
DM5.0XA	1.49	0.88	1.30	0.66
DM7.5TB	1.53	0.92	1.17	0.68
DM5.0XB	1.66	0.98	1.20	0.89
DP7.5XB	1.10	0.97	1.07	0.94
DS20XB	1.90	1.07	1.54	0.32
DS25TA	1.55	0.97	1.10	0.80
DS25TB	1.14	1.96	1.31	0.65
DP7.5TA	1.16	0.92	1.48	0.84
DS20XA	1.19	0.67	1.50	0.80
DM5.0TA	1.16	0.50	1.69	0.87
平均值	1.39	0.98	1.34	0.75

从表 3-16 中可以看出，离散系数比最大的环节均出现在进料或出料环节，运输过程没有造成物料离析加剧。这是因为在进料过程中，国内散装砂浆都是靠自由落体落入车内，车筒体高度约 2.5m，散装头的高度约 1m，因此物料会出现 1.5～3.5m 的自由落体，造成较大离析。在出料过程中，物料输送均采用气卸式，但不同压力下物料的悬浮状态也存在区别从而给物料带来不同程度的离析。

从表 3-15 中各环节离散系数的变化趋势也可以看出，物料在进料过程中会使均匀性变差；在运输过程中不会增加物料离析，反而因为填充离析的出现对在进料过程中因为附着离析导致的物料分离起到校正作用，缓解了离析；在出料过程中加剧了物料离析，物料进入筒仓后，经筒仓底部流出物料的均匀性再次变好。因此，对物料造成离析的环节主要是进料和出料。

4 预拌砂浆应用问题处理方案

4.1 预拌砂浆施工问题分析及处理方案

1. 抹面砂浆施工后出现短而粗的裂纹。

原因分析：该现象一般发生在砂浆硬化初期，主要因为水分减少快而产生收缩应力，当收缩应力大于砂浆自身粘结力时，表面易出现以上现象。

防止措施：抹面砂浆中保水剂的加入量至关重要，控制砂细度模数、含泥量。

2. 抹面砂浆干燥后在硬化后期出现细而长、呈鱼网状的裂纹。

原因分析：该现象一般要经过1年或2~3年逐步发展而成，主要原因是在体积收缩应力过大所致。

（1）砂浆后期养护不到位；

（2）砂浆掺合料收缩值大；

（3）墙体本身开裂，界面效应差；

（4）砂浆水泥用量大，强度过高；

（5）基础墙体与抹面砂浆弹性模量相差较大。

防止措施：减少水泥用量，在施工前对基础墙体检查其结构、面层状况、严格控制掺合料的质量。

3. 砂浆涂抹于基础面后出现水平条状裂纹，一般多出现在厚抹灰层。

原因分析：该问题多数发生在砂浆抹上墙后，凝结前因自重下坠造成。

（1）砂浆稠度大；

（2）砂浆流动度>80mm；

（3）砂浆凝结时间过长。

防止措施：调整砂浆稠度至合适的稠度、流动度和凝结时间，多通过加入触变润滑剂来解决，但重要的是要尽量保证薄层施工。

4. 抹灰砂浆施工后出现不同的颜色，有发深色有发浅色，特别在抹子接茬处。

原因分析：因生产材料供应不足，同一工程使用了不同品种的水泥，导致砂浆需水量、凝结时间等性能发生变化，造成强度与颜色差异。

防止措施：提前做好原材料准备，防止生产过程中原材料中断。

5. 湿拌砂浆凝结时间失常。

原因分析：（1）凝结时间短，由于外界气温高、基材吸水量大、砂浆保水性差导致凝结时间短而影响施工的可操作时间；

（2）凝结时间长，多因外加剂（保水剂等）过量造成。

防止措施：（1）严格控制外加剂掺量，并要根据气候变化、施工环境变化、墙体材料变化来确定合理加入量；

（2）加强与工地互动，及时了解施工状况。

6. 预拌砂浆加水搅拌后出现不凝结的问题。

原因分析：外加剂计量失控。

防止措施：加强计量器具的检定与维护，防止出现失控。加强操作人员责任心的培养。

7. 预拌砂浆静置出现泌水、离析，表面有白色薄膜出现。

原因分析：

（1）砂浆搅拌时间太短，保水材料少导致保水性差；

（2）砂子颗粒级配差导致和易性不合格；

（3）纤维素醚质量差或添加量不足。

防止措施：原材料分析选定很重要，另做好砂的级配。

8. 抹灰层出现强度差问题。

原因分析：原材料中砂细度模数太低，含泥量超标，水泥胶凝材料过少，导致部分砂浮出表面起砂。

防止措施：

（1）严格控制砂的细度模数、含泥量、颗粒级配等指标；

（2）增加胶凝材料的比例。

9. 抹面砂浆出现大面积空鼓、脱落。

原因分析：

（1）砂浆附着力差，和易性差；

（2）一次抹灰过厚，抹灰时间间隔过短；

（3）基础界面性能差。

防止措施：

（1）调整配方，增加粘结力；

（2）分层抹灰，总厚度不能超过 20mm，注意各工序合理间隔时间；

（3）做好界面处理，特别对于不同墙体材料采用合理方案。

10. 出现表面用手摸掉粉现象。

原因分析：主要是砂浆所用原材料掺合料容重太低，比例太大，由于压光导致部分粉料上浮，聚集表面，以致表面强度过低。

防止措施：确定掺合料性能及比例，注意配方调整和试验。

11. 预拌砂浆抹面粗糙，收光不平。

原因分析：原材料中集料大颗粒较多，细度模数太高，无法收光。

防止措施：调整颗粒级配增加粉料比例。

12. 预拌砂浆硬化后出现空鼓、脱落。

原因分析：

（1）砂浆初黏性能差，导致面层未完全粘结；

（2）墙体基层开裂；

（3）温差变化导致材料应力作用。

防止措施：

（1）调整砂浆配方，提高其柔性、粘结力；

（2）施工时必要的部位界面处理。

4.2 质量通病典型问题分析及其防治措施

1. 预拌砂浆塑性开裂。

塑性开裂是指砂浆在硬化前或硬化过程中产生开裂，它一般发生在砂浆硬化初期，塑性开裂裂纹一般都比较粗，裂缝短。

原因分析：砂浆抹灰后不久在塑性状态下由于水分减少快而产生收缩应力，当收缩应力大于砂浆自身的粘结强度时，表面产生裂缝。它往往与砂浆的材性和环境温度、湿度以及风级等有关系。水泥用量大，砂细度模数越小，含泥量越高，用水量越大，砂浆越容易发生塑性开裂。

防治措施：预拌砂浆中通过加入保水增稠剂和外加剂，减少水泥用量，控制砂细度模数及其水泥含量、施工环境，减少塑性开裂。

2. 预拌砂浆干缩开裂。

干缩开裂是指砂浆在硬化后产生开裂，它一般发生在砂浆硬化后期，干缩开裂裂纹其特点是细而长，呈网状。

原因分析：干缩开裂是砂浆硬化后由于水分散失、体积收缩产生的裂缝，它一般要经过1年甚至2~3年后才逐步发展。

(1) 砂浆水泥用量大，强度太高导致体积收缩。

(2) 砂浆后期养护不到位。

(3) 砂浆掺合料或外加剂干燥收缩值大。

(4) 墙体本身开裂，界面处理不当。

(5) 砂浆强度等级乱用或用错，基材与砂浆弹性模量相差太大。

防治措施：减少水泥用量，掺加合适的掺合料降低干燥值，加强对施工方宣传指导，加强管理，严格要求按预拌砂浆施工方法施工。

3. 下坠开裂。

下坠开裂是指预拌砂浆抹上墙后，凝结前因自重下坠造成的开裂。下坠开裂裂纹特点是水平条状。

原因分析：

(1) 砂浆稠度太大。

(2) 砂浆流动度太大。

(3) 砂浆凝结时间过长。

防治措施：

(1) 调节砂浆至合适的稠度、流动度和凝结时间。

(2) 加入触变剂。

4. 预拌砂浆工地出现结块、成团现象，质量下降。

原因分析：

(1) 砂浆生产企业原材料砂含水率未达到砂烘干要求，砂浆搅拌时间太短，搅拌不均匀。

(2) 砂浆生产企业原材料使用不规范。

(3) 施工企业未能按照预拌砂浆施工要求及时清理干混砂浆筒仓及搅拌器。

防治措施：

(1) 砂浆生产企业应制定严格的质量管理体系，制定质量方针和质量目标，建立组织机构，加强生产工艺控制及原材料检测。

(2) 砂浆生产企业应做好现场服务，介绍产品特点提供产品说明书，保证工程质量。

(3) 施工企业提高砂浆工程质量责任措施，干混砂浆筒仓专人负责维护清理。

5. 预拌砂浆试块不合格，强度忽高忽低，离差太大，强度判定不合格，而其他工地同样时间、同样部位、同一配合比却全部合格且离差小。

原因分析：

（1）施工单位采用试模不合格，本身试件尺寸误差太大，有的试模对角线误差≥3mm，因而出现试件误差偏大的问题。

（2）试件制作粗糙不符合有关规范，未进行标准养护。

（3）试件本身不合格，受力面积达不到要求而出现局部受压，强度偏低。

防治措施：

（1）建议施工单位试验人员进行技术培训，学习有关试验的标准和规范。

（2）更换不合格试模，对采用的试模应加强监测，达不到要求坚决不用。

6. 预拌砂浆抹面不久出现气泡。

原因分析：

（1）砂浆外加剂或保水增稠材料与水泥适应性不好，导致反应产生气泡。

（2）砂浆原材料砂细度模数太低或颗粒级配不好导致空隙率太高而产生气泡。

防治措施：

（1）加强原材料特别是外加剂和保水增稠材料与水泥适应性试验，合格后方可使用生产。

（2）合理调整砂子的颗粒级配及各项指标，保证砂浆合格出厂。

7. 预拌砂浆同一批试块强度不一样，颜色出现差异。

原因分析：因生产材料供应不足，同一工程使用了不同种类的水泥和粉煤灰，导致砂浆需水量、凝结时间等性能发生变化，造成强度与颜色差异。

防治措施：

（1）生产企业在大方量应提前做好材料准备，防止生产中材料断档问题发生。

（2）预拌砂浆严禁在同一施工部位采用两种水泥或粉煤灰。

8. 预拌砂浆凝结时间不稳定，时长时短。

原因分析：

（1）砂浆凝结时间太短：由于外界温度很高、基材吸水大、砂浆保水不高导致凝结时间缩短影响操作时间。

（2）砂浆凝结时间太长：由于季节、天气变化以及外加剂超量导致凝结时间太长，影响操作。

防治措施：

（1）严格控制外加剂掺量，根据不同季节、不同天气、不同墙体材料调整外加剂种类和使用掺量。

（2）加强工地现场察看，及时了解施工信息。

9. 预拌砂浆出现异常，不凝结。

原因分析：外加剂计量失控，导致砂浆出现拌水离析，稠度明显偏大，不凝结。

防治措施：加强计量检修与保养，防止某一部分的失控；加强操作人员与质检人员责任心，坚决杜绝不合格产品出厂。

10. 预拌砂浆静置时出现泌水、离析、表面附有白色薄膜现象。

原因分析：

（1）砂浆搅拌时间太短、保水材料添加太少导致保水太低。

（2）砂子颗粒级配不好，砂浆和易性太差。

（3）纤维素醚质量不好或配方不合理。

防治措施：合理使用添加剂及原材料，做好不同原材料试配，及时调整配方。

11. 预拌砂浆抹面出现表面掉砂现象。

原因分析：主要由于砂浆所用原材料砂子细度模数太低，含泥量超标，胶凝材料比例小，导致部分砂子浮出表面，起砂。

防治措施：

（1）严格控制砂子细度模数、颗粒级配、含泥量等指标。

（2）增加胶凝材料及时调整配方。

12. 预拌砂浆抹面出现表面掉粉起皮现象。

原因分析：主要由于砂浆所用原材料掺合料容重太低，掺合料比例太大，由于压光导致部分粉料上浮，聚集表面，以至于表面强度低而掉粉起皮。

防治措施：了解各种掺合料的性能及添加比例，注意试配以及配方的调整。

13. 预拌砂浆抹面易掉落，粘不住现象。

原因分析：

（1）砂浆和易性太差，粘结力太低。

（2）施工方一次抹灰太厚，抹灰时间间隔太短。

（3）基材界面处理不当。

防治措施：

（1）根据不同原材料不同基材调整配方，增加粘结力。

（2）施工时建议分层抹灰，总厚度不能超过 20mm，注意各个工序时间。

（3）做好界面处理，特别是一些新型墙体材料，需使用专用配套砂浆。

14. 预拌砂浆抹面粗糙、无浆抹后收光不平。

原因分析：预拌砂浆原材料轻集料（砂）大颗粒太多，细度模数太高，所出浆体变少，无法收光。

防治措施：调整砂浆轻集料（砂）颗粒级配适当增加粉料。

15. 预拌砂浆硬化后出现空鼓、脱落、渗透质量问题。

原因分析：

（1）生产企业质量管理不严，生产控制不到位导致的砂浆质量问题。

（2）施工企业施工质量差导致的使用问题。

（3）墙体界面处理使用的界面剂、粘结剂与干混砂浆不匹配所引起的。

（4）温度变化导致建筑材料膨胀或收缩。

（5）本身墙体开裂。

防治措施：

（1）生产单位应提高预拌砂浆质量管理的措施及责任。

（2）施工企业应提高预拌砂浆工程质量的施工措施及责任。

16. 预拌砂浆泛碱。

原因分析：赶工期（常见于冬春季），使用 Na_2SO_4、$CaCl_2$ 或以它们为主的复合产品作为早强剂，增加了水泥基材料的可溶性物质。材料自身内部存在一定量的碱是先决条件，产生的原因是水泥基材料属于多孔材料，内部存在有大量尺寸不同的毛细孔，成为可溶性物质在水的带动下从内部迁移出表面的通道。水泥基材料在使用过程中受到雨水浸泡，当水分渗入其内部，将其内部可溶性物质带出来，在表面反应并沉淀。酸雨渗入基材内部，与基材中的碱性物质相结合并随着水分迁移到表面结晶，也会引起泛白。

防治措施：

（1）没有根治的办法，只能尽可能降低其发生的概率，控制预拌砂浆搅拌过程中的加水量。施工时地坪材料不能泌水、完全干燥前表面不能与水接触。

（2）禁止使用低碱水泥和外加剂。

（3）优化配合比，增加水泥基材料密实度，减小毛细孔。例如，使用其他熟料、填料替代部分水泥。

（4）使用泛碱抑制剂。但使用不能完全改变，只能在某种程度上减轻泛碱的情况。

（5）避免在干燥、刮风，低湿环境条件下施工。

（6）硅酸盐水泥与高强硫铝酸盐水泥复合使用有一定效果。原理如下：

① 硫铝酸盐水泥的 $2CaO \cdot SiO_2$ 水化后生成的 $Ca(OH)_2$ 会与其他水化产物发生二次反应，形成新的化合物。

$3Ca(OH)_2 + Al_2O_3 \cdot 3H_2O + 3(CaSO_4 \cdot 2H_2O) + 20H_2O \longrightarrow 3CaO \cdot Al_2O_3 \cdot 3CaSO_4 \cdot 32H_2O$

因此，硫铝酸盐水泥水化产物不存在 $Ca(OH)_2$ 析晶。

② 硫铝酸盐水泥与普通硅酸盐水泥复合使用，水化过程中硫铝酸盐水泥会把普通硅酸盐水泥产生的多余的 $Ca(OH)_2$ 消耗掉，从根本上解决。

4.3 湿拌砂浆应用问题分析及处理方案

1. 砂浆干缩开裂的原因及处理。

砂子含泥量高、细砂掺入过多，砂浆初凝后加水上墙造成干缩裂纹。

处理干缩裂纹首先要严格控制砂的含泥率在5％以内，同时避免工人使用尾浆、隔夜灰。

2. 砂浆龟裂的原因及处理。

砂浆砂胶比过低，强度太高，收缩率过大造成砂浆龟裂。

对于砂浆龟裂要控制砂胶比，砂量占干物料总量的70％～80％使用的砂浆强度不宜过高。

3. 导致砂浆收缩性空鼓的原因。

收缩性空鼓主要因为界面层与基层粘结力小于砂浆与界面层收缩应力，大致原因分为基层处理不规范、界面砂浆粘结力差、砂浆收缩率过大。

4. 避免砂浆收缩性空鼓的方法。

避免收缩性空鼓应当提高界面砂浆粘结力，保证界面砂浆粘结力高于抹灰砂浆粘结力，界面砂浆强度等级高于抹灰砂浆强度等级，做好基层界面处理。

5. 导致砂浆施工性空鼓的原因。

砂浆施工性空鼓指砂浆层与界面剂层之间出现剥离现象。

导致这种现象的原因有界面处理不均匀、粗糙程度不够，砂浆未收水前搓压，砂浆粘结力差。

6. 预防砂浆施工性空鼓的方法。

在进行界面处理时提高界面砂浆均匀度和粗糙度，建议工人收水后搓压收面避免水分散发过快，同时提高抹灰砂浆粘结力。

7. 砂浆进入冬季施工期的界定。

当工地（每天 6 时、14 时、21 时所测室外温度的平均值）低于 5℃或最低温低于 −3℃时，连续 5d 昼夜平均气温低于 5℃，视为进入冬季施工期。

8. 砂浆是否可以添加防冻剂进行防冻。

目前普通抹灰砂浆属于薄层抹灰，抹灰厚度为 1.5～2cm，在冬季施工期若没有较好的保温处理无法进行防冻。

9. 砂浆干密度控制范围。

根据施工部位不同砂浆分为砌筑、抹灰、地面砂浆，砌筑砂浆按照（1800±30）g/L 控制，抹灰砂浆按照（1750±50）g/L 控制，地面砂浆不低于 2000g/L 控制。

10. 砂浆稠度控制范围。

砂浆稠度控制在 85～95mm 适宜工人施工要求，若无法合理控制稠度问题建议稠度宁干勿稀。如果夏天气温较高，水分蒸发较快，砂浆稠度应控制大一些，大约 100mm 为宜。

11. 砂浆上墙之后多长时间可进行收面处理。

一般在上墙完成后的 30～40min 进行收面较为适宜。

12. 湿拌砂浆搅拌时间。

湿拌砂浆的搅拌时间应参照搅拌机的技术参数、砂浆配合比、外加剂和添加剂的品种及掺量、投料量等通过实验确定，砂浆拌合物应搅拌均匀，且从全部材料投完算起搅拌时间不应少于 30s。

砂浆是由多种不同组成材料搅拌而成，在搅拌过程中，各组成材料之间会发生一系列复杂的物理、化学等作用，这需要一定的时间，只有经过一定时间与外界强力的搅拌才能将砂浆的各组成材料均化，充分发挥各组成材料的作用，使砂浆达到所要求的性能，因此要求湿拌砂浆最短搅拌时间不应少于 90s，一般为 120s。

13. 抹灰砂浆强度是否越高越好。

抹灰砂浆不同的基材要求砂浆强度等级不尽相同，砂浆强度等级越大水泥用量越大，水泥用量越大水泥水化时砂浆的收缩率就越大。对墙面基体来说其收缩率和砂浆相差几十倍甚至上百倍，收缩率越大砂浆与基材的应力越大造成砂浆开裂的风险也越大。

14. 湿拌砂浆保塑时间是否越长越好。

肯定不是,保塑时间过长会降低水泥质量影响砂浆强度等级。湿拌砂浆保塑时间应以满足工人施工要求的范围为宜,建议当天料当天用,避免使用隔夜灰、尾浆,容易造成砂浆质量事故。

15. 施工技术要求。

湿拌砂浆到达工地尽量在第一时间使用。转移到各施工楼层时,砂浆在外长时间静止状态下会产生凝结时间的损失,特别是夏季高温天气太阳直射都会使砂浆水分流失,砂浆转移到各施工楼层减少室外环境对砂浆的直接影响,可使砂浆保持更长时间和良好的施工性。

16. 淋水处理。

对于吸水性强的墙体要特别注意在头一天进行淋墙处理,吸水性小的墙体也要淋墙,以保证有足够的水分存于墙体内。

17. 筛砂机的选型及筛网大小。

建议筛网选用 8mm 和 6mm 筛孔,因湿砂容易在筛网上粘结成团、砂中的含泥量越大越容易堵筛网。因此,筛砂机的选型对筛砂的效率至关重要。

18. 湿拌砂浆的储存。

(1)简易砂浆优点:因地制宜、成本低;缺点:无遮挡、需人工上料。

(2)砂浆储存罐优点:省时、省力、省工,减少水分蒸发稠度损失,环保整洁利于文明施工,避免夏季暴晒和雨天过水现象;缺点:增加前期投入成本,维修费用高。

19. 湿拌砂浆上墙不同墙体的吸水情况。

烧结砖(红砖或多孔砖):吸水率为 15%~20%,抹灰前一天浇水 1~2 遍,水渗入砖体 10~20m 抹灰时墙面无明水不泛白。混凝土空心砌块:吸水率 20% 左右,吸水速度介于加气砌块与黏土砖之间。加气混凝土砌块:加气混凝土墙体吸水率可达 40% 但吸水速度慢约是烧结砖的 1/4;混凝土墙:吸水率低,需提前 1~2d 进行洒水,抹灰前保证墙面湿润。

20. 砂浆稠度过大的处理。

(1)生产上根据砂子含水率调整砂浆用水量。

(2)与工地协调将砂浆放到楼层放置 2~3d 待水分挥发,达到满足工人施工需要的正常稠度。

21. 砂浆稠度过小的处理。

（1）运输车卸料前快速转罐 2min 可增大稠度 5mm 左右。

（2）将砂浆放到楼层后加少量水进行搅拌再施工。

22. 砂浆泌水的处理。

（1）避免使用劣质煤灰。

（2）提高砂浆保水率。

（3）调整砂子级配。

23. 砂浆干硬过快的原因。

（1）粉煤灰需水量增大。

（2）外加剂用量不足。

（3）砂子级配断档。

（4）砂浆保水太差。

24. 避免砂浆干散的处理。

（1）调整粉煤灰使用。

（2）提高外加剂掺量。

（3）调整砂的级配。

（4）提高砂浆保水率。

25. 砂浆上墙后凝结时间过慢的原因。

（1）润墙严重界面层不吸收砂浆水分。

（2）环境潮湿空气对流慢。

（3）砂浆保水性太好。

（4）砂浆养护过早。

26. 避免砂浆上墙后长时间不凝的方法。

（1）避免过度润墙。

（2）保持通风干燥。

（3）降低砂浆保水性。

（4）墙面干硬后开始养护。

27. 砂浆混凝土墙面起泡的原因。

（1）细砂掺入过多。

（2）砂子含泥量超标。

（3）胶凝材料掺量过多。

（4）砂浆保水性太好。

（5）一次性抹灰成型。

28. 避免砂浆上墙后起泡的方法。

（1）改变施工工法分层抹灰。

（2）减少胶凝材料掺量。

（3）控制砂子含泥量。

（4）增加中砂比例减少细砂掺量。

（5）戳破后压实找平。

29. 砂浆黏度过大的原因。

（1）细砂掺入过多。

（2）砂子含泥含粉率高。

（3）胶材使用过量。

（4）外加剂过量使用。

30. 避免砂浆黏度过大的方法。

（1）减少胶凝材料和细砂比例。

（2）生产控制砂子含泥率。

（3）调整外加剂掺量。

31. 砂浆黏度小干散不粘墙的原因。

黑煤灰等劣质粉煤灰的使用，导致粗砂过多。

处理：严禁使用劣质粉煤灰；调整砂子级配掺入细砂。

32. 砂浆上墙后后期起粉的原因。

生产因素：胶凝材料少，配合比不合理，细砂掺入过多，劣质砂强度低，外加剂用量超标。

施工因素：尾浆、隔夜灰施工，墙面干燥，砂浆失水过快，收面滚水搓压严重。

33. 避免砂浆上墙后期起粉的方法。

减少细度模数 2.0mm 以下细砂的使用，避免使用劣质砂，提高水泥掺量，合理使用外加剂，避免干密度过轻。禁止使用尾浆，禁止砂浆上墙后滚水搓压。

34. 影响湿拌砂浆保塑时间的原因。

粉煤灰或机制砂等原材料有较强吸附性，导致保塑剂未能充分参与反应；砂的颗粒级配不合理，保水率低；储存条件不规范，导致砂浆水分损失过快；出厂稠度过小等。

35. 砂中的含泥（含粉）的定义。

粒径小于 0.075mm 颗粒的含量。

36. 砂浆用砂对含泥量（含粉量）的要求。

天然砂含泥量不高于 5%，机制砂含粉量不高于 8%。

37. 含泥量过高对于砂浆的影响。

砂中的泥（粉）颗粒极细，会黏附在砂的表面，影响水泥和砂之间的胶结能力，从而影响砂浆质量。

38. 破碎机制砂的特点。

机制砂颗粒尖锐。多棱角、表面粗糙、颗粒级配稍差且多为粗砂，但相对成本较低。

39. 湿拌砂浆生产搅拌时间越长越好

物极必反，过度的搅拌，会增大砂浆的稠度，干密度也会有些变化。根据搅拌机实际搅拌状态，确定搅拌时间。

40. 湿拌砂浆生产宁干勿稀。

很多人有这个想法，干了可以加水使用，稀了只能等待。但尤其到夏天高温季节，如果出厂稠度过小，砂浆在高温暴晒下将会很快的损失水分，导致稠度损失过大。

41. 湿拌砂浆泵送的可行性比较大。

通常打混凝土，会用润泵砂浆润一下泵管，以利于混凝土的泵送。砂浆采用泵送，看似好操作，但泵管残留过多，容易造成亏方。

42. 湿拌砂浆上墙可以一次涂抹成型。

不可以，特别是混凝土墙。混凝土同砂浆收缩差较大，一次成型容易产生裂缝、起泡等现象。

43. 湿拌砂浆配比要保密。

配比因地而异，A 地区很成熟的配比到了 B 地区，可能会产生较大的水土不服，配比是动态的。配比无须过多保密。

44. 湿拌砂浆出厂就算工作完成。

湿拌砂浆更关注现场施工性，只关注出厂是不合适的，到工作面，以及工作面后期，都需要关注。

45. 湿拌砂浆工地反映状况，就应该技术部门负责。

分情况，业务人员应最先了解工地实际情况，而且比较容易沟通。直接推给技术部门，工作比较被动。业务部门和技术部门应有一个良好的衔接。

46. 经营湿拌砂浆要新立设备。

对于混凝土企业来说，完全不需要，有条件的可以拿出一条专线生产，此时可以对设备进行一个微小的改动（如调整转速、缩小衬板与叶片的间距），没有条件，也可以共线生产，保证主机、运输车更换生产时冲洗干净。

47. 湿拌砂用砂的选用。

砂浆用砂的级配、细度模数、含泥量、粒型，要全面考虑，不要用混凝土用砂思维来选择砂浆用砂。

48. 甩浆质控点。

强度，一定要大于砂浆强度，甩浆均匀且布满整个墙面。

49. 甩浆养护。

需要，施工前2d砂浆，充分养护，与墙体充分粘结。

50. 湿拌砂浆冬季施工。

0℃以下不建议抹灰施工，砌筑可以放宽一些。

51. 湿拌砂浆试块拆模时间。

根据气温，拆模时间不同，夏天一般在2～3d，冬季一般在5～6d，按压试块表面，判定具体拆模时间。

52. 湿拌砂浆试块养护注意事项。

养护前，一定要将试块晾干，避免造成水化时间过长，造成养护后测压强度不够。

5 预拌砂浆参考配方

5.1 820 石膏基自流平砂浆配方

820 石膏基自流平砂浆配方见表 5-1。

表 5-1 820 石膏基自流平砂浆配方

原材料		型号	占比
α-半水石膏		—	40%
重钙粉（>200 目）		—	25%
河砂（20～140 目）		—	30%
普通硅酸盐水泥		P·O 32.5R	5%
母料	可再分散性乳胶粉	DN-4100	0.6%
	减水剂	315	0.12%
	消泡剂	366	0.1%
	纤维素醚	U10 万	0.01%
		专用	0.03%
	缓凝剂	H13	0.05%

5.2 柏诺 5333 抹灰砂浆配方

柏诺 5333 抹灰砂浆配方见表 5-2～表 5-4。

表 5-2 柏诺 5333-M5 抹灰砂浆配方

原材料	加入量（t/kg）
P·O 42.5R	80
砂（70～140 目）	740
粉煤灰Ⅱ	140
石粉	40
5333（注什么产品）	0.35

表 5-3　柏诺 5333-M7.5 抹灰砂浆配方

原材料	加入量（t/kg）
P·O 42.5R	100
砂（70～140 目）	800
粉煤灰 Ⅱ	60
石粉	40
5333	0.4

表 5-4　柏诺 5333-M10 抹灰砂浆配方

原材料	加入量（t/kg）
P·O 42.5R	120
砂（70～140 目）	820
粉煤灰 Ⅱ	40
石粉	20
5333	0.45

5.3　C1TE 配方

C1TE 配方见表 5-5。

表 5-5　C1TE 配方

原材料	加入量（t/kg）
P·O 42.5R	320
石英砂（50～100 目）	645
重钙	10
甲酸钙	3
U10 万	3
淀粉醚	1
DN-4101	15
17-88	3

5.4　C2TE 配方

C2TE 配方见表 5-6。

表 5-6　C2TE 配方

原材料	加入量（t/kg）
P·O 42.5R	360
石英砂（50～100 目）	573

续表

原材料	加入量（t/kg）
重钙	20
甲酸钙	3
U10万	4
淀粉醚	2
4101	30
24-88	4
木纤维	3

5.5　无网涂抹玻化微珠推荐配方

无网涂抹玻化微珠推荐配方见表5-7。

表 5-7　无网涂抹玻化微珠推荐配方

原材料	加入量（t/kg）
P·O 42.5R	700
灰钙	50
无水石膏	40
粉煤灰	150
4100	16
119	0.5
H300	1.5
9mm	3
U20万	5
增稠剂	2
SM	2
粉料（质量）：微珠（质量）：加水量（质量）	1kg：0.9kg：2.2kg

5.6　聚合物水泥砂浆刚性防水砂浆配方

聚合物水泥砂浆刚性防水砂浆配方见表5-8。

表 5-8　聚合物水泥砂浆刚性防水砂浆配方

原料名称	型号	用量（kg）	
		自愈型防水砂浆	JC/T 984—2011 标准
普硅水泥	P·O 42.5	440	440
粉煤灰	—	30	30

续表

原料名称	型号	用量（kg）	
		自愈型防水砂浆	JC/T 984—2011 标准
石英砂	40～70 目	200	200
	70～140 目	300	300
U	—	0.5～1.5	0.5～1.5
DN—4108	—	10～25	25～35
渗透剂	—	10～15	0～5
T80	—	0～2	1～3
塑化剂	—	1～2	1～2
PP 纤维	5mm	0.5	0.5

5.7　马赛克用内墙瓷砖胶配方

马赛克用内墙瓷砖胶配方见表 5-9。

表 5-9　马赛克用内墙瓷砖胶配方

原材料	加入量（t/kg）
白水泥 325	400
石英（140～200 目）	530
钛白粉 A201	20
重钙 300 目	30
U4 万	2
DN-4101	15
2488	3
甲酸钙	10

5.8　轻质抹灰石膏配方

轻质抹灰石膏配方见表 5-10。

表 5-10　轻质抹灰石膏配方

原材料	加入量（t/kg）
建筑石膏	700
滑石粉	50
重钙粉	150～180
玻化微珠	1m³
木纤维	1

续表

原材料	加入量（t/kg）
2488	1
U10万	2
AY-02	0.05
119	0.3
H13	2.0～3.0

5.9　粘结抹面砂浆配方

粘结抹面砂浆配方见表5-11～表5-21。

表5-11　外墙用宽缝勾缝剂

原材料	加入量（t/kg）
水泥 P·O 42.5	200
石英粉	700
重钙	100
U4万	1
4109	8

表5-12　胶粉聚苯颗粒保温砂浆配方（华北地区）

原材料	加入量（t/kg）
EPS颗粒（2～8mm）	4～5m³
P·O 42.5	407
粉煤灰	250
灰钙	150
石膏	50
甲酸钙	8
2号	5
DC20万	6
H300	4
PP（6mm）	2
PP（12mm）	2
24～88	2

表5-13　真金保温板粘接砂浆

原材料	加入量（t/kg）
P·O 42.5	380
元明粉	20

续表

原材料	加入量（t/kg）
中粗砂	570
纤维素醚（10 万黏度）	2
4101	10
H300	2
灰钙	10
强化粉	6

表 5-14 真金保温板抹面砂浆配方

原材料	加入量（单位）
P·O 42.5	300
中粗砂	600
U10 万	2.5
4101	16
聚丙烯纤维（6mm）	1
粉煤灰	50
灰钙	20
建筑石膏	30

表 5-15 聚氨酯/岩棉板粘结砂浆配方

原材料	加入量（t/kg）
P·O 42.5	400
黄砂（40～70 目）	600
2488	5
U10 万	2
DN-4100	8
H300	2
T80	1

表 5-16 聚氨酯/岩棉板抹面砂浆配方

原材料	加入量（t/kg）
P·O 42.5	350
砂子（70～140 目）	600
灰钙	50
U10 万	2
聚丙烯纤维（6mm）	1

续表

原材料	加入量（t/kg）
118	1
DN-4101	12～15
T80	1

表 5-17　水泥发泡板粘结砂浆配方

原材料	加入量（t/kg）
P·O 42.5	350
中粗砂	640
U10 万	2
119	1
24～88	4
2 号	4
H300	2

表 5-18　水泥发泡板抹面砂浆

原材料	加入量（t/kg）
P·O 42.5	320
中粗砂	600
灰钙	50
U10 万	3
聚丙烯纤维（6mm）	1
119	1
4101	6
H300	2
粉煤灰	30

表 5-19　堵漏剂配方

原材料	加入量（t/kg）
PII 硅酸盐水泥	530
石英砂（70～140 目）	80
高铝水泥 CA50	320
碳酸钠（200 目）	20
灰钙	40
碳酸锂（300 目）	10
DN-4108	20
T80	1

注：加水至半干，可团聚于手中，快速按于漏点 1～2min。

表 5-20　浮雕凹凸喷涂浆料配方

原材料	加入量（t/kg）
P·O 42.5	500
石英砂（如有特殊要求加入彩砂）	450
重钙（200目）	100
U4万	4
24～88	8
315	1.5

表 5-21　彩色耐磨地坪砂浆推荐配方

原材料	占比
普通硅酸盐水泥 42.5	35
石英砂（20～60目）	44
石英砂（70～140目）	20
U2000	0.05～0.1
315	0.1～0.2
4101	1
颜料	根据需要

参考文献

[1] 国家市场监督管理总局，国家标准化管理委员会. 预拌砂浆：GB/T 25181—2019 [S]. 北京：中国标准出版社，2019.

[2] 张秀芳，赵立群，王甲春. 建筑砂浆技术解读 470 问 [M]. 北京：中国建材工业出版社，2009.

[3] 中国建筑科学研究院，广州市建筑集团有限公司. 预拌砂浆应用技术规程：JGJ/T 223—2010 [S]. 北京：中国建材工业出版社，2011.

[4] 中华人民共和国住房和城乡建设部. 抹灰砂浆技术规程：JGJ/T 220—2010 [S]. 北京：中国建筑工业出版社，2011.

[5] 王培铭，李东旭. 商品砂浆的理论与实践 [M]. 北京：化学工业出版社，2014.

[6] 杜红秀，周梅. 土木工程材料 [M]. 北京：机械工业出版社，2012.

[7] 鞠丽艳，张雄，李春荣. 干粉砂浆的组分及其作用机理 [J]. 混凝土，2002 (1).

[8] 张伟，徐世君. 建筑预拌砂浆应用指南 [M]. 北京：中国建材工业出版社，2020.

[9] 张冠伦，王玉吉，孙振平. 混凝土外加剂原理与应用 [M]. 北京：中国建筑工业出版社，1996.

[10] 滕朝晖，李晓峰，闫高峰. 预拌砂浆用可再分散性乳胶粉生产与应用技术 [M]. 北京：中国建材工业出版社，2020.

[11] 滕朝晖，王文战，赵云龙. 工业副产石膏应用研究及问题解析 [M]. 北京：中国建材工业出版社，2020.

[12] 滕朝晖，王勤旺. 加水量对聚合物干混砂浆的影响 [J]. 中国胶粘剂，2010 (19).

[13] 毛永琳，黄周强，刘佳平. 存放时间对预拌砂浆性能的影响 [J]. 混凝土与水泥制品，2007 (4).

[14] 滕朝晖. 可再分散性乳胶粉的作用机理与应用研究 [J]. 中国胶粘剂，2008 (17).

[15] 兰明章，李雪莲. 可再分散性乳胶粉在干混砂浆中的作用及影响 [J]. 中国国际建筑干混砂浆生产应用技术研讨会，2006.

[16] 张国防. 聚合物干粉对水泥砂浆性能的影响研究 [D]. 上海：同济大学，2002.

[17] Thomas Matschei，Barbara Lothenbach，Fredrik P. Glasser. Thermodynamic properties of Portland cement hydrates in the system CaO—Al₂O₃—SiO₂—CaSO₄—CaCO₃—H₂O [J]. Cement and Concrete Reasearch，2007：1379-1410.

[18] Guodong Chen，Shuxue Zhou，Guangxin Gu，et al. Effects of surface properties of colloi-

dal silica particles on redispersibility and properties of acrylic－based polyurethane/silica composites ［J］. Colloid and Interface Science，2005（281）：339-350.

［19］侯少武，滕朝晖，杨俊生. 聚乙烯醇市场、生产技术、应用［M］. 北京：北京燕山出版社，2017.

［20］Marcel Visschers，Jozua Laven，Rob van der Linde. Forces operative during film formation from latex dispersion ［J］. Progress in Qrganic Coatings，1997（31）：311-323.